AF638125

Schirner Verlag

Tina Stümpfig

Jin Shin Jyutsu

Heilströmen für Pferde

Schirner Verlag

Die Ratschläge in diesem Buch sind sorgfältig erwogen und geprüft. Sie bieten jedoch keinen Ersatz für kompetenten medizinischen Rat. Alle Angaben in diesem Buch erfolgen daher ohne Gewährleistung oder Garantie seitens der Autorin oder des Verlages. Eine Haftung der Autorin bzw. des Verlages und seiner Beauftragten für Personen-, Sach- und Vermögensschäden ist ausgeschlossen.

Wir verzichten auf das Einschweißen unserer Bücher – **UNSERER UMWELT ZULIEBE!**

ISBN Printausgabe 978-3-8434-1381-7
ISBN E-Book 978-3-8434-6512-0

Tina Stümpfig:
Jin Shin Jyutsu –
Heilströmen für Pferde
© 2019 Schirner Verlag,
Darmstadt

Umschlag: Simone Fleck, Schirner,
unter Verwendung von # 606984329
(© nutriaaa), # 170716961 (© Rashad Ashur)
und # 153831068 (© Grigorita Ko),
www.shutterstock.com, sowie eines Fotos
von Jasmin Bojé, www.jasmin-boje.de
Satz: Simone Fleck, Schirner
Lektorat: Claudia Simon, Schirner
Printed by: Ren Medien GmbH,
Germany

www.schirner.com

2. Auflage Juli 2022

Alle Rechte der Verbreitung, auch durch Funk, Fernsehen und sonstige Kommunikationsmittel, fotomechanische oder vertonte Wiedergabe sowie des auszugsweisen Nachdrucks vorbehalten

Inhalt

Vorwort 9

Was ist Jin Shin Jyutsu? 11

Die Anwendung des Jin Shin Jyutsu 13

Hilfreiche Hinweise 15

Kurzanleitung für das Strömen 15

Entspannen Sie sich 16

Bleiben Sie dran 17

Haben Sie Geduld 18

Die 26 Energieschlösser 19

Allgemeine Harmonisierer 39

Erste Zentrierung 39

Zum Beleben der Energie 40

Der Zentralstrom 41

Der Zentralstrom für kleine und mittelgroße Pferde 42

Der Zentralstrom für große Pferde 46

Die kurze Variante des Zentralstromes 50

Die Betreuerströme 51

Die Betreuerströme für kleine und mittelgroße Pferde 52

Die Betreuerströme für große Pferde 53

Drei weitere wichtige Ströme 55

Der Milzstrom 56

Der Magenstrom 60

Der Blasenstrom 66

Kopf 71

Augen 71

Bindehautentzündung 72

Hornhautentzündung 73

Fremdkörper im Auge 74

Tränenfluss 75

Verbesserung der Sehfähigkeit...75

Ohren 76

Gehör 76

Ohrentzündung 77

Ohrmilben 78

Blutohr 79

Mund und Zähne 79

Zahnfleischprobleme 79

Mundschleimhautentzündung...80

Mundgeruch 80

Atemwege 81

Obere Atemwege 82
Schnupfen 82
Nebenhöhlenentzündung......... 82
Nasenbluten 83

Hals 85
Halsentzündung 85
Kehlkopfkatarrh 85

Untere Atemwege 86
Husten und Bronchitis 86
Reizhusten 87
Lungenentzündung 87
Dämpfigkeit 88

Herz-Kreislauf-System 89

Herzerkrankung und Herzmuskelschwäche 89

Kreislaufschwäche 91

Blutdruckprobleme 92

Verdauungsorgane und Stoffwechsel....................... 93

Magen und Darm..................... 93
Blähungen................................ 94
Magenschmerzen und Kolik 96
Gastritis 97
Appetit- und Fressstörungen .. 98
Abmagerung 98
Verstopfung 98
Durchfall................................... 99
Kotwasser.............................. 100
Darmparasiten....................... 101

Leber 102

Bauchspeicheldrüse und Milz 103
Diabetes 104

Stoffwechsel 106

Harnsystem 107

Blase..................................... 107

Nieren 108
Nierenentzündung 108
Nieren- und Blasensteine 110

Geschlechtsorgane 111

Männliche Geschlechtsorgane............... 111
Hodenentzündung 111

Weibliche Geschlechtsorgane und Geburtshilfe 112
Trächtigkeit 112
Geburtsvorbereitung............. 113
Geburtshilfe........................... 113
Geburtsschmerzen 114
Wehenschwäche oder zu heftige Wehen 115
Neugeborenes: Probleme mit der Atmung...................... 115
Milchmangel und Milchüberschuss..................... 116
Entzündung des Gesäuges...... 116

Haut und Fell.................... 117

Haarausfall 117

Stumpfes Fell........................ 118

Schuppen.............................. 118

Ekzeme **118**
Sommerekzem 119
Furunkel und Abszesse **120**
Juckreiz **120**
Hautpilz **120**

Allergien **121**

Gehirn **123**
Epilepsie **123**

Nervensystem **125**
Muskelzucken **125**
Lähmungen **126**
Bewegungsapparat **127**
Rücken und Wirbelsäule **127**
Kreuzverschlag 128
Rückenschmerzen und -verspannungen 129
Satteldruck 130
Muskeln **130**
Bänder, Sehnen und Gelenke **133**
Verstauchung und Zerrung 133
Sehnenentzündung 134
Schleimbeutelentzündung 134
Gelenkentzündung (Arthritis) 135
Gelenkabnutzung (Arthrose) 136
Verletzungen am Sprunggelenk 137
Spat 138
Gelenkgallen 138
Knochen **140**
Knochenbrüche 140
Knochenhautentzündung 141
Überbeine 141
Knochenverformungen 142
Stärkung der Knochen 142

Hufe 143
Brüchige Hufe 144
Hufabszess 144
Hufrehe 145
Strahlfäule 150
Hufrollenentzündung 150

Immunsystem 151

Geschwülste, Tumore und Ödeme 153

Verhalten und Psyche 157
Ängste und Panik 157
Unsicherheit und Nervosität 158
Schreckhaftigkeit 159
Futterneid 159
Zankerei und Aggression 160
Vernachlässigung und Misshandlung 160
Lärmempfindlichkeit 161
Koppen 161
Trauer und Verlust 162

Verletzungen und Notfälle 163
Wunden und Bisse 163
Wundheilungsstörung 164
Bluterguss 164
Stiche, Splitter und Dornen 165
Verbrennungen 165
Gehirnerschütterung 165
Knochenbrüche 166
Prellungen 167
Schock 168
Vergiftungen 169
Verschlucken und Atemnot 170
Operationen 170
Schmerzen 171
Überanstrengung 172
Erschöpfung 172
Sterbehilfe 173

Nachwort 174

Dank 175

Weitere Informationen 175

Literaturempfehlungen 174

Register 176

Über die Autorin 180

Bildnachweis 184

Vorwort

Es gibt eine Methode, mit der Sie Pferde bei den verschiedensten Themen und Symptomen unterstützen können. Dafür brauchen Sie weder Medikamente noch andere Heilmittel, sondern einzig und allein Ihre Hände.

Sie heißt: Jin Shin Jyutsu.

Jin Shin Jyutsu ist ein intuitives Heilwissen, das wir Menschen von Geburt an in uns tragen und unbewusst immer wieder anwenden. Wenn wir z. B. beim Nachdenken den Kopf in die Hände stützen, aktivieren wir damit bestimmte Hirnströme und helfen uns selbst, uns an Dinge zu erinnern. Wenn wir die Arme überkreuzen, berühren wir einen Punkt in der Ellenbeuge, der uns hilft, in unserer eigenen Autorität und Kraft zu sein. Kinder in der Schule setzen sich oft auf ihre Hände, wodurch sie sich besser konzentrieren, aufmerksamer zuhören und sich das Gelernte einfacher merken können. Auch legen wir intuitiv die Hände auf schmerzende Stellen, bei uns selbst oder beim Tier, auch zur Beruhigung. Jeder kennt Jin Shin Jyutsu – wir müssen uns nur wieder daran erinnern.

Jin Shin Jyutsu ist eine sanfte Heilkunst zur Harmonisierung der Lebensenergie, die sowohl bei Menschen als auch bei Pferden angewandt werden kann. Indem wir die Hände auf bestimmte Punkte am Körper legen, bringen wir die Lebensenergie wieder in Schwung, die Selbstheilungskräfte werden mobilisiert, und Beschwerden und Symptome werden gelindert oder verschwinden ganz. Es ist eine wunderbare und einfache Möglichkeit, seelisch und körperlich wieder in Balance zu kommen.

Wenn das Pferd in tierärztlicher Behandlung ist oder eine Operation ansteht, können Sie es mit Jin Shin Jyutsu unterstützen. Es wirkt stärkend nach operativen Eingriffen, der Heilungsprozess wird unterstützt, und Narkosen werden besser vertragen.

Durch das Halten bestimmter Punkte am Körper geben Sie der Lebensenergie »Starthilfe«, sodass sie wieder harmonisch, gleichmäßig und kraftvoll fließen kann. Ein harmonischer Fluss der Lebensenergie ist Voraussetzung für Gesundheit und Wohlbefinden.

Auch wenn das Pferd keine Symptome aufweist oder sonstige Probleme hat, können Sie Jin Shin Jyutsu prophylaktisch anwenden. Bereits wenige Minuten genügen, um die Gesundheit und die Widerstandsfähigkeit des Pferdes zu stärken. Gerade Pferde sind sehr empfänglich für diese sanften Berührungen. Probieren Sie es aus, und Sie werden fasziniert davon sein, wie sehr sie es genießen und wie schnell sie dabei entspannen.

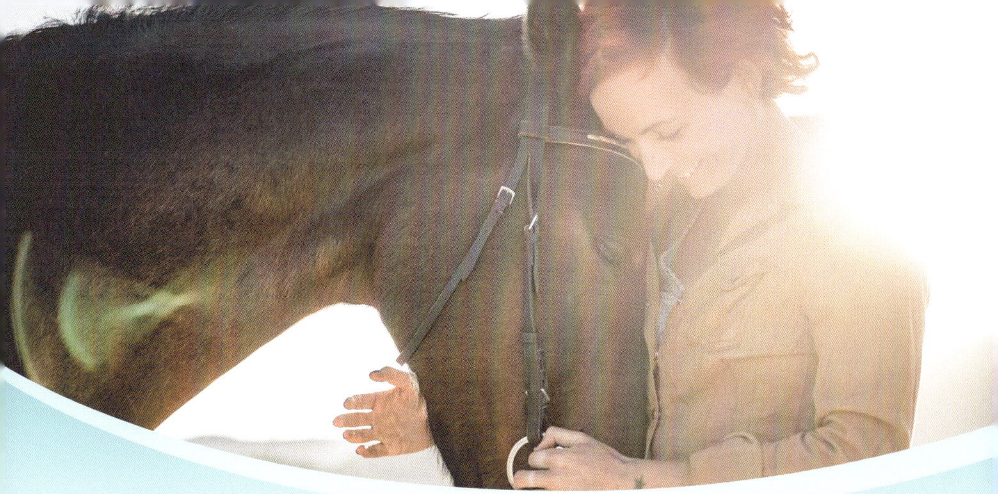

Was ist Jin Shin Jyutsu?

Jin Shin Jyutsu ist eine uralte Kunst zur Harmonisierung der Lebensenergie im Körper. Fließt die Lebensenergie harmonisch, sind Mensch und Tier gesund. Entstehen Blockaden in den Energiebahnen, äußert sich das in Form von Unwohlsein und ersten Symptomen. Bleibt die Energie im Ungleichgewicht, können sich diese Symptome verfestigen, chronisch werden, und es kommen möglicherweise neue hinzu.

Das alte Wissen um das Heilströmen wurde in früheren Zeiten in den verschiedensten Kulturen gelebt, angewandt und mündlich weitergegeben, bis es im Laufe der Zeit in Vergessenheit geriet. Im Osten jedoch wurde dieses Wissen nicht gänzlich vergessen, und so war es ein Japaner, Jiro Murai, der Anfang des 20. Jahrhunderts diese wertvolle Kunst wieder zum Leben erweckte und sie an seine Schüler Kato Sensei und Mary Burmeister weitergab.

Der Begriff »Jin Shin Jyutsu« besteht aus drei japanischen Wörtern:

Jin: **Wissender, mitfühlender Mensch**
Shin: **Schöpfer**
Jyutsu: **Kunst**

und bedeutet »Die Kunst des Schöpfers durch den wissenden, mitfühlenden Menschen«.

Umgangssprachlich wird Jin Shin Jyutsu »Heilströmen« oder einfach »Strömen« genannt, da durch das Halten bestimmter Energiepunkte am Körper die Lebensenergie wieder ungehindert zu »strömen« beginnt.

Diese Energiepunkte nennt man »Sicherheitsenergieschlösser«. Das sind Punkte am Körper, an denen die Energie in sehr konzentrierter Form vorliegt und über die, wenn man sie hält, sich Blockaden leicht lösen können. Diese Sicherheitsenergieschlösser befinden sich innerhalb der Energiebahnen, die Leben in den Körper bringen. Entstehen in diesen Bahnen Blockaden, wird der Energiefluss in der betreffenden Zone unterbrochen und letztlich das gesamte Energieströmungsmuster durcheinandergebracht. Dann entstehen Disharmonie und Krankheit.

Indem Sie die Hände auf bestimmte Sicherheitsenergieschlösser legen, unterstützen Sie das Pferd, körperlich, seelisch und geistig wieder in Harmonie zu kommen, Blockaden lösen sich auf, Symptome können verschwinden.

Die Anwendung des Jin Shin Jyutsu

Ursprünglich wurde Jin Shin Jyutsu für den Menschen wiederentdeckt, doch die energetischen Gesetze gelten auch für Tiere, und so können wir es genauso für Pferde anwenden. Pferde reagieren sogar meist schneller auf das Geströmtwerden als Menschen, weil sie eine andere Energieschwingung haben und vielleicht auch deshalb, weil sie sich selbst keine Denkblockaden erschaffen.

Wenn beim Menschen die Regel gilt: Strömen eines Erwachsenen – ca. 1 Stunde, Strömen eines Kindes – 20–30 Minuten, sind wir beim Pferd bei 10–15 Minuten – oft auch kürzer. Pferde zeigen Ihnen meist ganz deutlich, wenn es genug ist, indem sie sich dann einfach von Ihnen wegbewegen.

Beim Jin Shin Jyutsu halten Sie meistens zwei Punkte am Körper gleichzeitig, in der Regel sind das zwei Sicherheitsenergieschlösser. Legen Sie die Finger, die Fingerspitzen oder die Handflächen so lange auf die angegebenen Punkte, bis die Lebensenergie wieder ungehindert zu fließen beginnt. Das können Sie spüren, es fühlt sich wie eine Art Kribbeln, ein inneres Strömen oder ein gleichmäßiges Pulsieren an. Jeder kann das etwas unterschiedlich empfinden. Sie tun nichts weiter, als diese Punkte zu halten. Ihre Hände dienen sozusagen als Starthilfekabel, sodass sich die »Energiebatterien« wieder aufladen können.

Anfangs ist dieses Pulsieren oder Strömen vielleicht nicht deutlich spürbar, es kann etwas dauern, bis Sie sich auf die feinen Energien eingestimmt haben und diese wahrnehmen. Solange richten Sie sich einfach nach folgender Regel: Halten Sie jeden Punkt bzw. Griff 1–3 Minuten, und gehen Sie dann zum nächsten über. Wenn Sie nur einen Griff strömen, können Sie ihn 10–15 lang Minuten halten.

Bei einem längeren Strom, z. B. dem Zentralstrom, der aus neun bzw. zehn Schritten besteht (je nach Größe des Pferdes), genügt es, wenn Sie jeden Griff 1–2 Minuten halten, sodass das Pferd jeweils 9–20 Minuten am Stück geströmt wird. Sie können aber auch kürzere Sequenzen machen und dafür öfter am Tag strömen.

Wie gesagt zeigen Pferde oft, wann es genug ist, indem sie sich von Ihnen wegdrehen, unruhig werden oder einfach gehen. Manchmal ist das schon nach nicht einmal 1 Minute der Fall. Das ist völlig in Ordnung, und Sie können dann zu einem späteren Zeitpunkt noch einmal strömen. Wenn das Pferd das Strömen einfach genießt und auch nach 20 Minuten noch entspannt stehen bleibt, können Sie natürlich auch noch etwas länger strömen.

Hilfreiche Hinweise

Kurzanleitung für das Strömen

- Sorgen Sie für eine möglichst ruhige und ungestörte Atmosphäre.
- Füttern Sie das Pferd vorher, damit es nicht hungrig ist und seine körperlichen Bedürfnisse die Ruhe nicht stören.
- Entscheiden Sie, welche Energiepunkte oder Ströme Sie anwenden.
- Die Energiepunkte haben den Durchmesser eines Hufes – Sie können sie also kaum verfehlen.
- Halten Sie zu Beginn die Punkte für die **Erste Zentrierung** (S. 39).
- Legen Sie dann die Hände oder Finger auf die gewählten Energiepunkte.

- Halten Sie die Energiepunkte so lange, bis Sie ein ruhiges, gleichmäßiges Strömen oder Pulsieren spüren (1–3 Minuten pro Griff).

- Je nach Thema können Sie 2–3 Anwendungen – oder auch mehr – pro Tag machen. Das Pferd wird Ihnen zeigen, was ihm guttut.

- Zu den meisten Themen gibt es verschiedene Sicherheitsenergieschlösser oder Ströme. Probieren Sie sie aus, schauen Sie, was sich gut anfühlt. Wenn das Pferd einen bestimmten Griff nicht mag, versuchen Sie es mit einem anderen.

- Sie können nichts falsch machen!

Entspannen Sie sich

Jin Shin Jyutsu ist mühelos. Lassen Sie alle Anstrengung und Bemühung los. Es darf einfach sein. Achten Sie einfach darauf, was Ihnen und dem Tier guttut. Richten Sie Ihre Aufmerksamkeit nicht auf die Symptome, sondern schauen Sie auf die Lebensenergie, die immer da ist. Nehmen Sie diesen Puls wahr, der das Leben in den Körper bringt und den einwandfreien Kreislauf aufrechterhält. Durch das Strömen stärken Sie diesen Puls. Und Sie harmonisieren die Energieströme, die den Körper nähren und erneuern.
Lassen Sie sich von Ihrer Intuition führen, und finden Sie Ihren eigenen, persönlichen Weg. Noch einmal: Sie können nichts falsch machen! Falls Sie aus Versehen einen »falschen« Punkt halten, hat das keine negativen Folgen. Dann dauert es eventuell einfach ein bisschen länger, bis die Wirkung eintritt. Strömen ist immer an die Körperintelligenz gekoppelt, und der Körper nutzt es letztendlich genau so, wie er es benötigt.

Bleiben Sie dran

Gerade bei großen Ungleichgewichten und schweren oder chronischen Erkrankungen ist es besonders wichtig, regelmäßig zu strömen. Sie können mehrmals täglich einfach nur für ein paar Minuten strömen und so einen regelmäßigen Impuls geben. Oder Sie strömen einmal am Tag etwas länger. Richten Sie sich auch hier nach dem Pferd, danach, womit es sich wohlfühlt. Denken Sie daran: Auch gesunde Pferde werden gern geströmt. Durch regelmäßiges Strömen kommt das Pferd in einen tiefen Entspannungszustand, in dem umfassende Regeneration und Heilung geschehen können.

Haben Sie Geduld

Lassen Sie sich nicht verunsichern, wenn Sie bei einem bestimmten Thema, weswegen Sie strömen, zuerst einmal keine Veränderung bemerken. Das Körpersystem reguliert meist zuerst das, was das Lebewesen gerade am dringendsten braucht. Vielleicht wird das Pferd insgesamt ruhiger und entspannter, oder vielleicht ist ein anderes Symptom plötzlich verschwunden – Jin Shin Jyutsu wirkt immer, auch dann, wenn Sie selbst es nicht wahrnehmen.

Das heißt aber nicht, dass dies einen Arzt ersetzen soll. Lassen Sie es immer tierärztlich abklären, wenn das Pferd geschwächt, krank oder verletzt ist. Strömen können Sie dann immer zusätzlich.

Setzen Sie sich nicht unter Druck, sondern haben Sie Vertrauen, entspannen Sie sich, und genießen Sie die Zeit mit dem Tier. Seien Sie gespannt auf die Wirkung, die manchmal sehr schnell eintreten kann – und ein andermal da eintritt, wo Sie sie nicht erwarten. Jedes Strömen bringt mehr Harmonie, stärkt das Immunsystem und regt die Selbstheilungskräfte an.

Die 26 Energieschlösser

Die Sicherheitsenergieschlösser (Abkürzung: SES), meist einfach nur »Energieschlösser« genannt, sind bestimmte Punkte am Körper, an denen die Energie in hochkonzentrierter Form vorliegt. Es sind, wie bereits erwähnt, Orte von hoher Leitfähigkeit, die bei einer Berührung den Reiz gleich in die Energiebahnen weiterleiten.

Auf jeder Körperseite gibt es jeweils 26 Energieschlosser, die symmetrisch angeordnet sind.

Hier eine Übersicht der Energieschlösser:

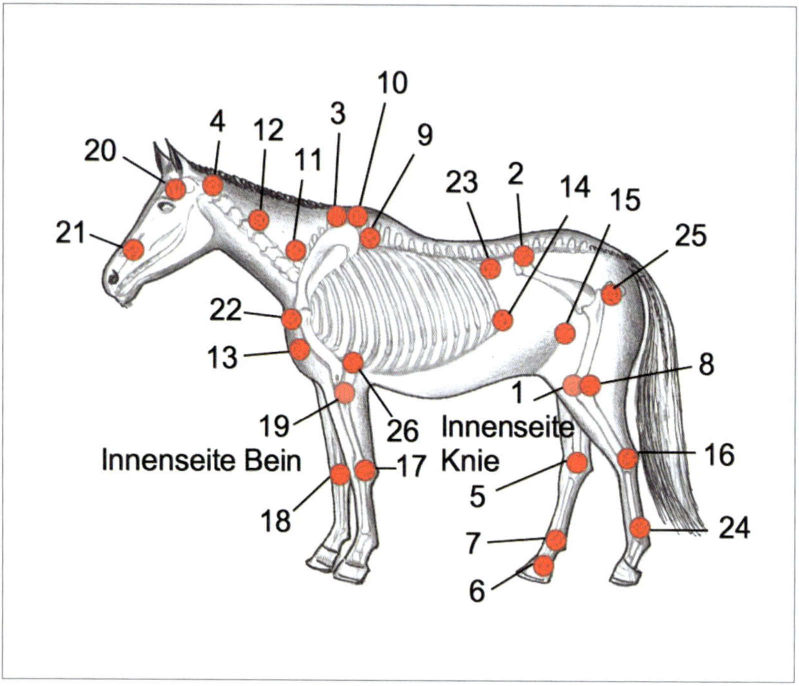

Jedes Energieschloss hat beim Pferd etwa den Durchmesser eines Hufes – beim Menschen den einer Hand. Sie brauchen sich also keine Gedanken machen, ob Sie den Punkt wirklich treffen, da er groß genug ist. Sollten Sie ihn anfangs dennoch nicht genau treffen, ist es auch nicht schlimm. Mit der Zeit werden Sie feststellen, dass Sie die Lage der jeweiligen Energieschlösser immer mehr verinnerlichen und diese sehr treffsicher und wie von selbst finden.

Da Sie beim Strömen nichts falsch machen können und es mehr eine Kunst als eine Technik ist (Sie sind der Künstler/die Künstlerin!), experimentieren Sie einfach, probieren Sie aus, schauen Sie, was sich gut anfühlt und wobei sich das Pferd entspannt. Es gibt bei allen Symptomen und Themen mehrere Möglichkeiten zu strömen. Seien Sie kreativ, lassen Sie sich ruhig auch von Ihrer Intuition leiten. Vertrauen Sie sich und dem Pferd – Pferde wissen oft sehr gut, was sie gerade brauchen.

SES 1
bringt alles in Bewegung und ins Gleichgewicht • stärkt und harmonisiert die Atmung • sorgt für innere und äußere Stabilität • unterstützt bei Blähungen, Koliken und Verdauungsbeschwerden • hilft, wenn etwas schnell aus dem Körper heraus muss, z. B. bei Vergiftungen oder wenn sich das Pferd verschluckt hat • gut bei allen Hautthemen wie Ekzeme, Juckreiz etc. • beruhigt

Das SES 1 befindet sich an der Innenseite des Knies.

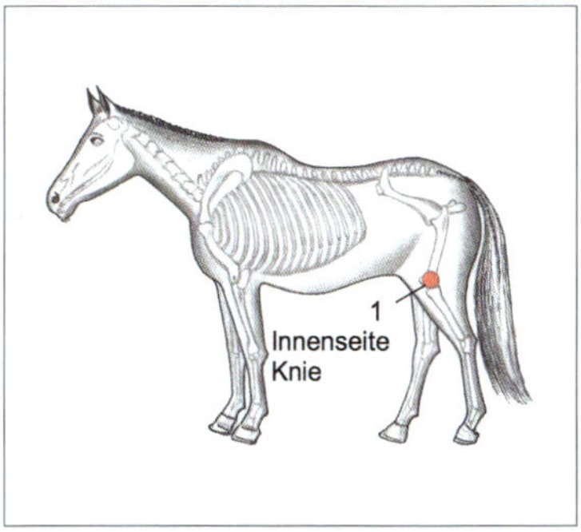

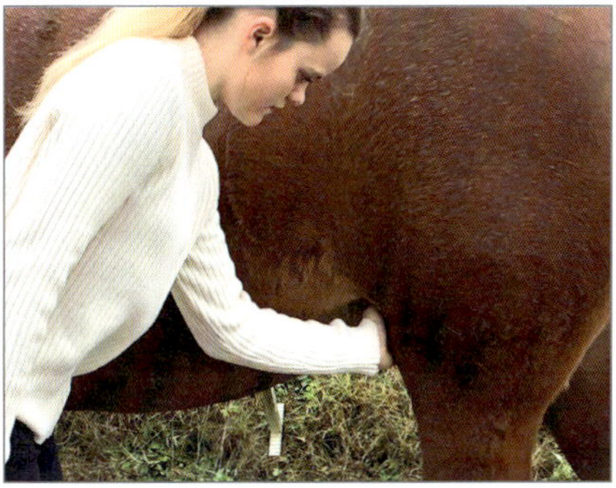

Das hohe SES 1 befindet sich ca. einen Hufbreit oberhalb des SES 1 an der Innenseite des Oberschenkels.

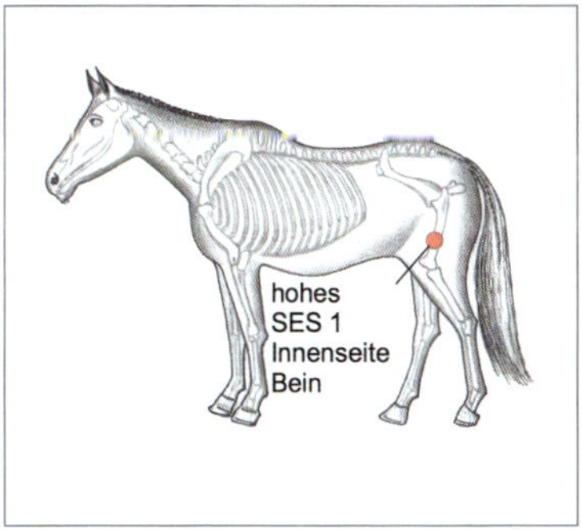

SES 2
unterstützt die Einatmung • nimmt Spannung und Stress • hilft bei Erschöpfung und gibt neue Lebenskraft • harmonisiert den Blutdruck • hilft bei Müdigkeit und Schwindel • stärkt die Gelenke und die Bandscheiben • hilft dem Rücken und der Wirbelsäule • vitalisiert alle Organe

Das SES 2 befindet sich am Rücken am oberen Beckenrand.

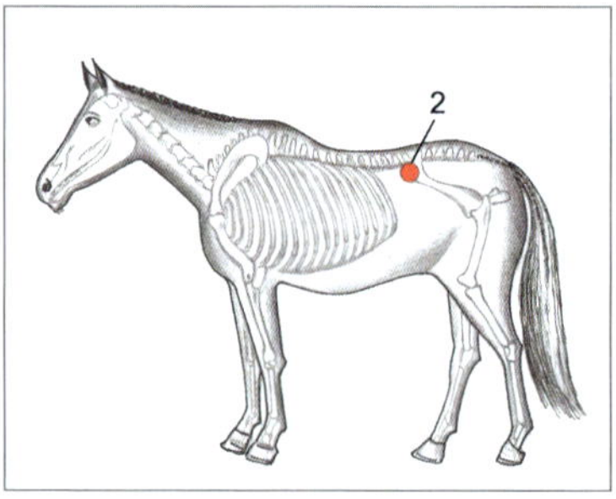

SES 3
harmonisiert das Immunsystem • hilft bei allen viralen und bakteriellen Erkrankungen, z. B. Erkältung, grippaler Infekt, Lungenentzündung, und auch bei Allergien • lindert Spannungen in den Beinen, v. a. in den Vorderbeinen und den Schultern • unterstützt das Lymphsystem • nimmt zusammen mit dem SES 2 Spannungen aus dem Rücken, z. B. bei Pferden, die viel in der Box stehen müssen

Das SES 3 befindet sich am Rücken zwischen dem oberen Eck des Schulterblattes und der Wirbelsäule.

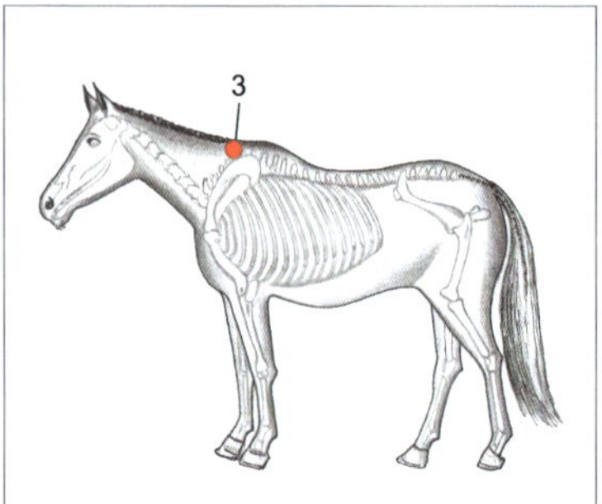

Da das **SES 15** das **SES 3** unterstützt, können Sie beide Energieschlösser gut zusammen halten.

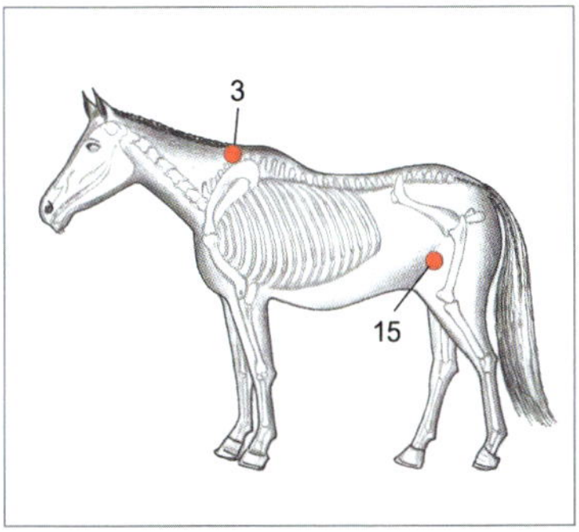

SES 4
stärkt (Ur-)Vertrauen • beruhigt • hilft ängstlichen, scheuen und schreckhaften Tieren • unterstützt, Traumata zu lösen • wichtiges Energieschloss bei Depressionen • löst Unruhe und Hyperaktivität • hilft den Augen und den Ohren • stärkt die Beine und die Knie • ist der Erste-Hilfe-Punkt bei Bewusstlosigkeit, Schock etc. • zusammen mit dem SES 22 unterstützt es die Muskeln und die Gelenke, z. B. vor dem Ausreiten zum Aufwärmen • harmonisiert Aggressionen

Das SES 4 befindet sich im Nacken an der Schädelbasis.

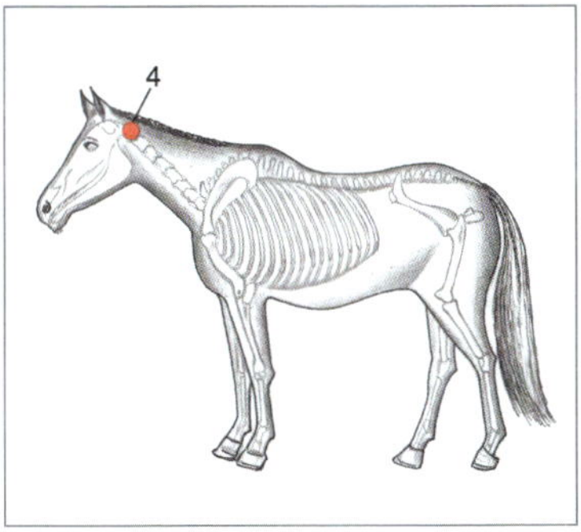

SES 5
löst Ängste und Verunsicherung • gibt neuen Lebenswillen • ist ein wichtiger Punkt bei Schmerzen • hilft den Ohren • unterstützt die Fortpflanzungsorgane • hilft der Verdauung • harmonisiert die Nieren • ist ein wichtiges Energieschloss bei Trächtigkeit, da es den Uterus mit Energie versorgt

Das SES 5 befindet sich auf der Innenseite des Hinterbeines am Sprunggelenk.

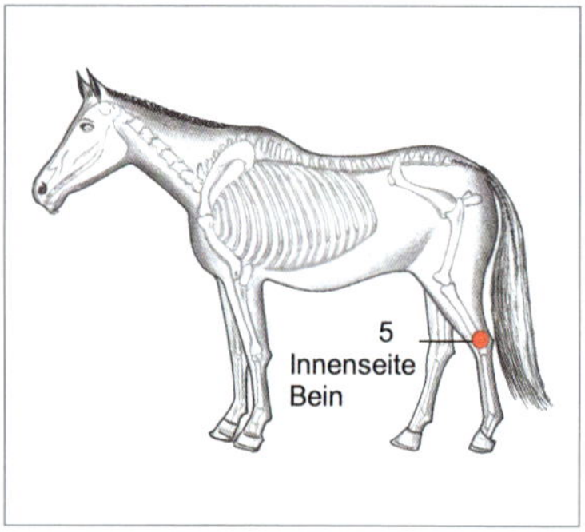

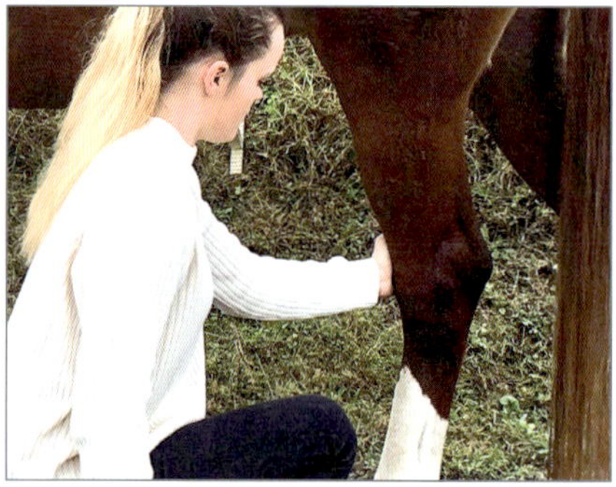

Das **SES 16** unterstützt das **SES 5,** daher können Sie beide Energieschlösser gut zusammen halten.

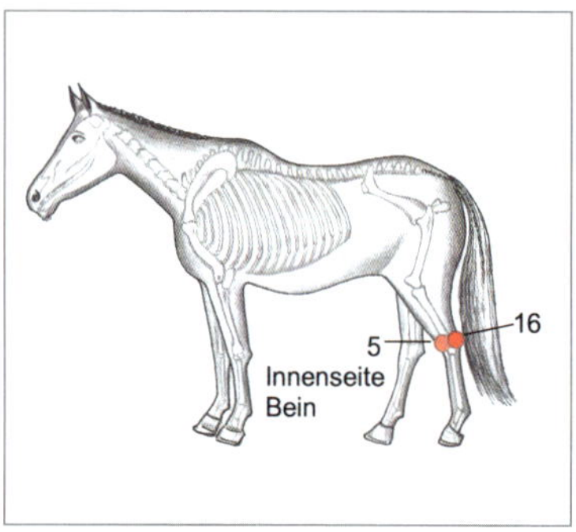

SES 6
stärkt das Gleichgewicht und hilft bei Schwindel • löst Spannungen im Schulter-, Schlüsselbein-, Rücken-, Becken- und Hüftbereich • löst Stress

Das SES 6 befindet sich an der Innenseite des Hinterhufes.

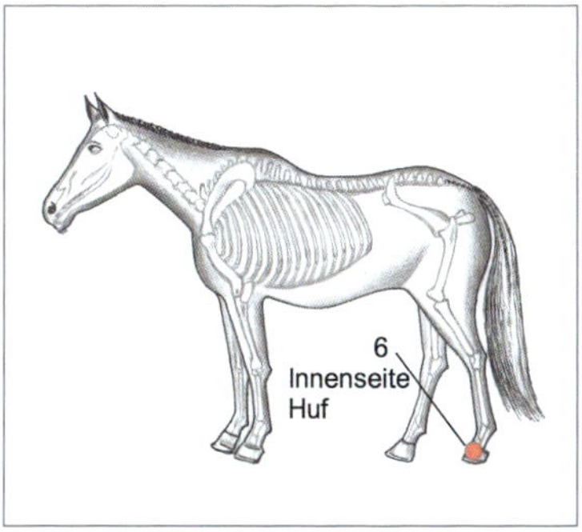

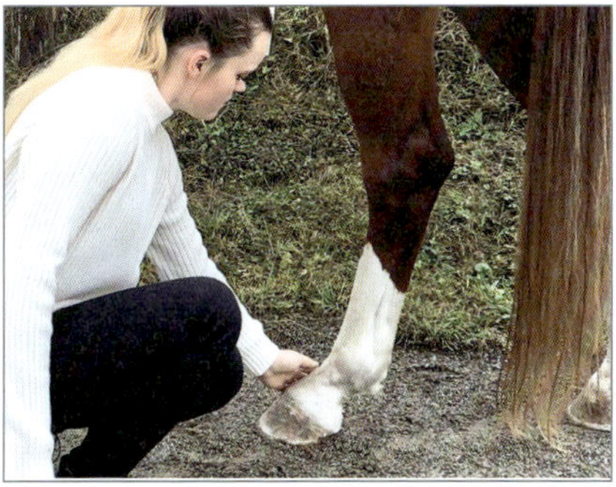

Das **SES 15** unterstützt das **SES 6,** daher können Sie beide Energieschlösser gut zusammen halten.

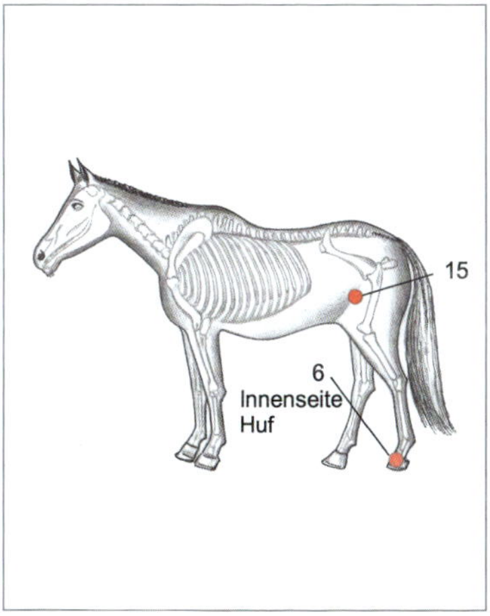

SES 7

hilft bei Epilepsie • stärkt die Atmung und die Lungen • unterstützt den Magen und die Leber • hilft bei Schock • löst Stress und Spannungen im Rücken-, Hüft- und Kopfbereich

Das SES 7 befindet sich an der Innenseite des hinteren Fesselgelenkes. Man kann es aber auch auf der Außenseite strömen.

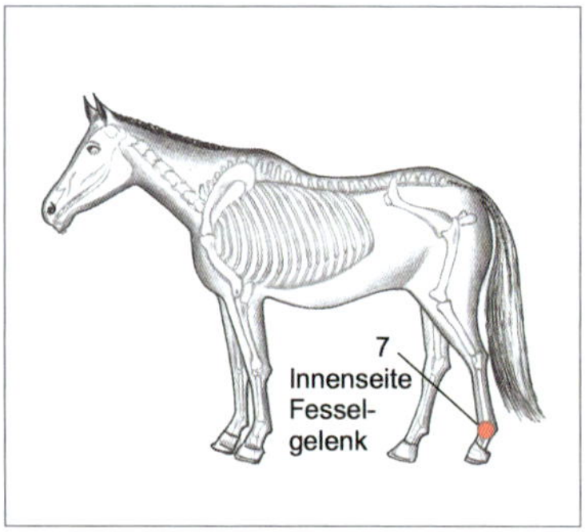

Um das SES 7 zu öffnen, können Sie auch das **SES 2** zusammen mit dem **SES 15** halten.

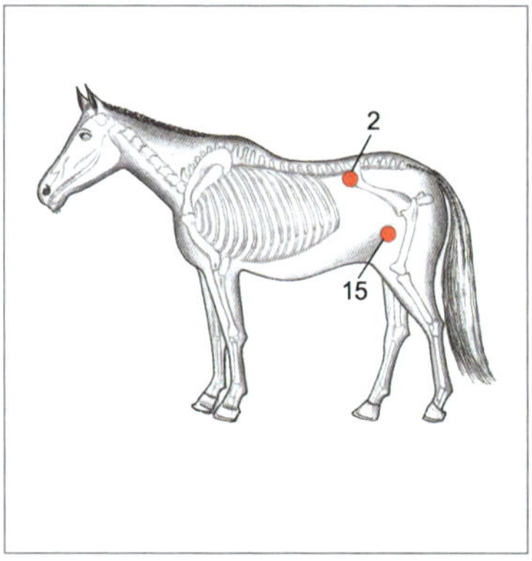

SES 8

bringt innere Ruhe und Harmonie • hilft bei Durchfall • unterstützt die Eierstöcke • harmonisiert alles, was mit den Muskeln zu tun hat • reguliert den Wärmehaushalt • hilft bei Zahn-, Zahnfleisch- und Kieferproblemen • gut für alles, was mit der Haut zu tun hat

Das SES 8 befindet sich an der Außenseite des Hinterbeines am Kniegelenk.

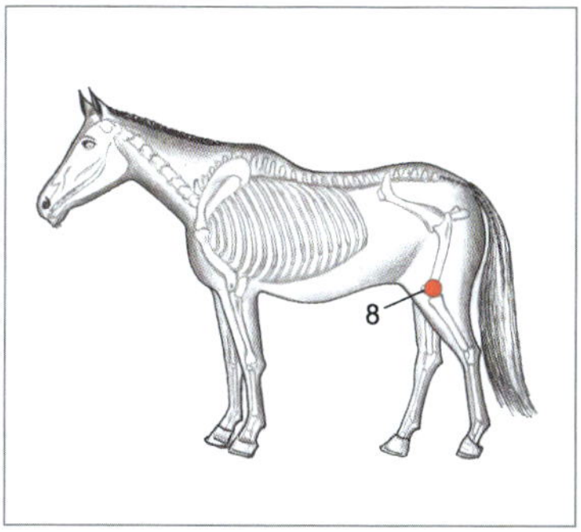

Das tiefe SES 8 befindet sich an der Außenseite der Wade, ca. einen Hufbreit unterhalb von SES 8.

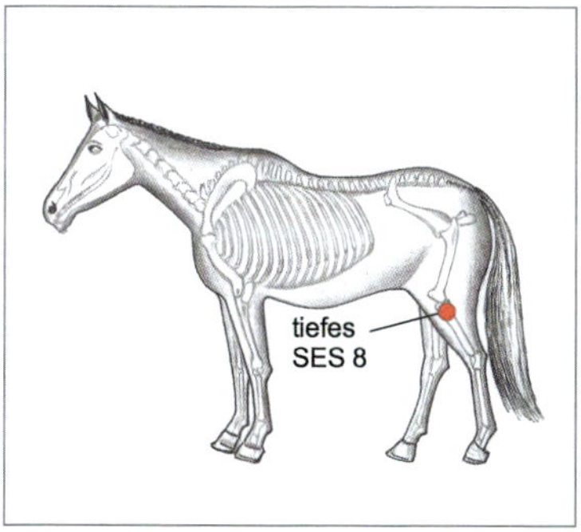

SES 9
unterstützt, mit neuen Situationen umzugehen • hilft bei Trauer • stärkt die Leber und die Gallenblase • gut für alles, was mit den Beinen und Hufen zu tun hat • befreit die Nebenhöhlen • ist hilfreich bei Allergien und Asthma • harmonisiert den Blutdruck

Das SES 9 befindet sich auf dem Rücken zwischen dem unteren Ende des Schulterblattes und der Wirbelsäule.

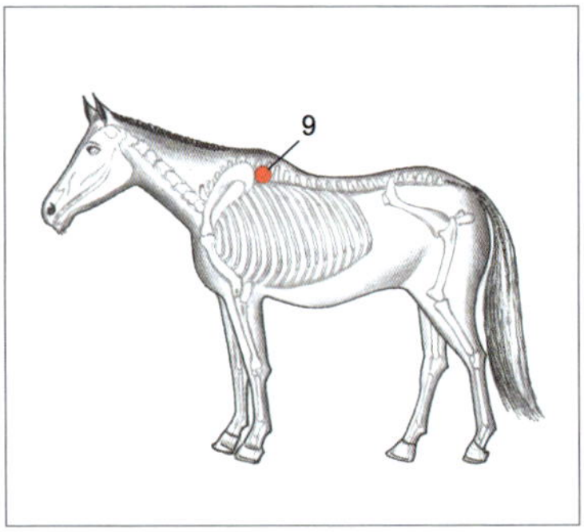

SES 10
bringt Vitalität, Lebenskraft und Lebensfreude • hilft dem Hals und dem Kehlkopf • harmonisiert den Kreislauf und den Blutdruck • fördert das Immunsystem • kräftigt das Herz und die Lunge und unterstützt die Atmung • stärkt die Leber, die Nieren und die Milz

Das SES 10 befindet sich auf dem Rücken zwischen der Mitte des Schulterblattes und der Wirbelsäule.

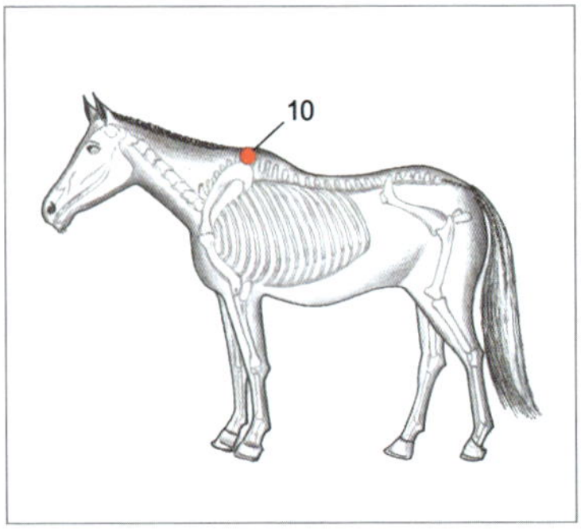

SES 11
hilft sehr ängstlichen Pferden • harmonisiert die Schultern, den Nacken, den Kopf, die Hüften, das Becken und die Beine • beugt Schlaganfall und hohem Blutdruck vor • unterstützt die Schilddrüse

Das SES 11 liegt oben auf der Schulter.

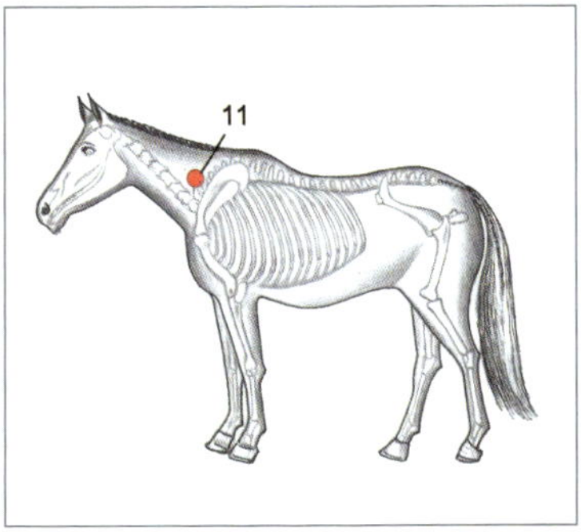

SES 12
bringt (Ur-)Vertrauen und löst Ängste und Depressionen • stellt das emotionale Gleichgewicht wieder her • löst Verspannungen in den Vorderbeinen, im Nacken und in den Schultern • hilft bei Sturheit • stärkt die Leber, die Gallenblase und die Blase

Das SES 12 liegt in der Mitte des Nackens neben der Halswirbelsäule.

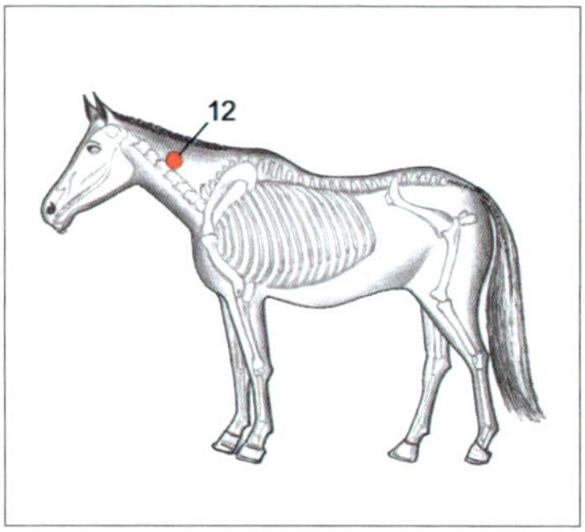

SES 13
stabilisiert das Hormon- und das Immunsystem • wirkt unterstützend bei allen schweren Erkrankungen • stärkt die Fortpflanzungsorgane • hilft bei Ohrenentzündung • normalisiert den Appetit • hilft bei Wachstumsstörungen • wirkt unterstützend bei Krebs und Autoimmunerkrankungen

Das SES 13 liegt auf der Brust auf Höhe der Mitte des Brustbeines.

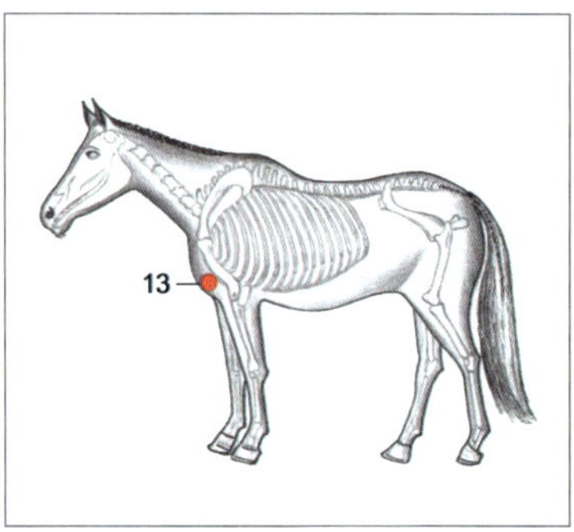

SES 14

gibt (Ur-)Vertrauen • unterstützt, alles zu verdauen (körperlich und emotional) • gut bei Bauchschmerzen und Blähungen • hilft bei Kolikanfälligkeit • löst Neid und Eifersucht

Das SES 14 befindet sich auf dem Bauch unterhalb des letzten Rippenbogens.

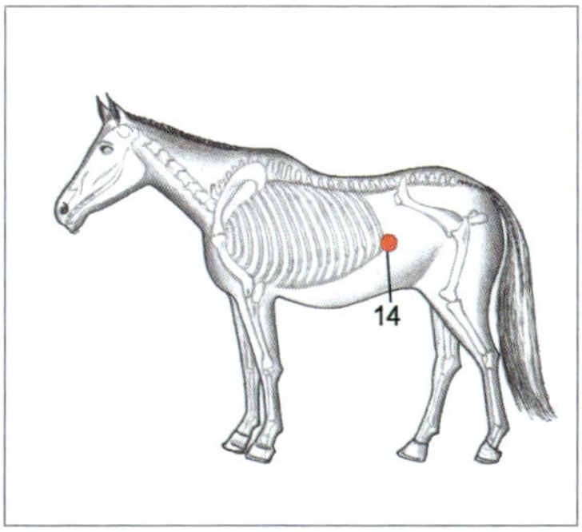

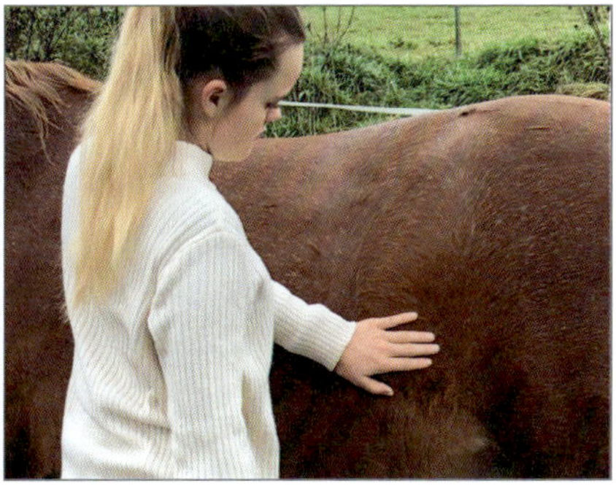

SES 15

bringt Freude ins Leben und wird auch der »große Heiler« genannt • hilft, Stress, Anspannung und Nervosität abzubauen • unterstützt das Herz • ist ein wichtiges Energieschloss vor und nach Operationen • unterstützt den Rücken und die Hüften • fördert die Heilung aller Verletzungen, auch von Knochenbrüchen • gut bei Venenleiden und Krampfadern • hilft bei körperlicher Überanstrengung

Das SES 15 befindet sich in der Mitte der Leistenbeuge.

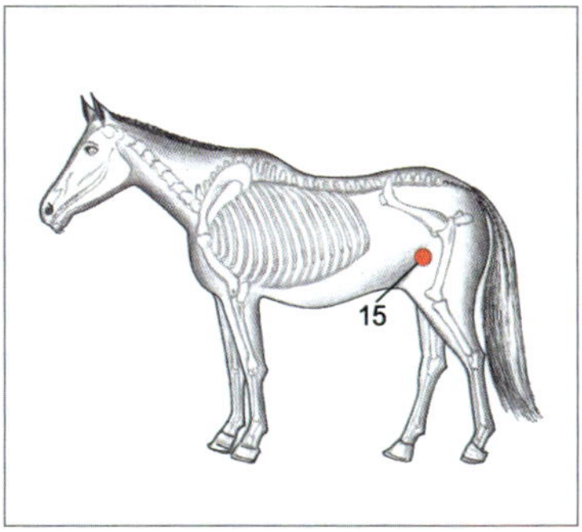

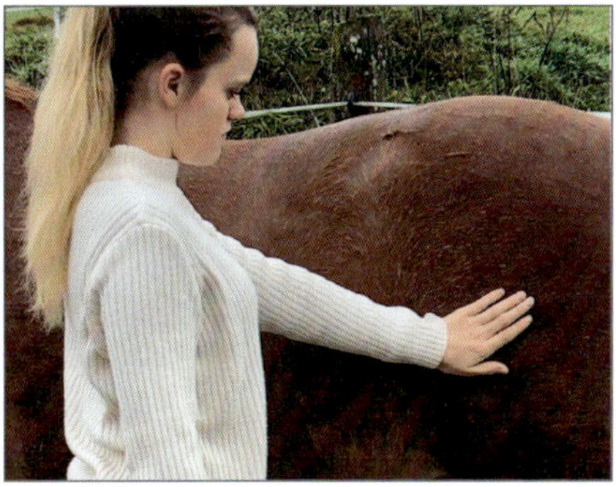

SES 16

löst Ängste und Unsicherheiten • hilft bei Lähmungen und Verfestigungen • stärkt das Bindegewebe • harmonisiert die Zähne, das Zahnfleisch, den Kiefer und den Knochenbau • löst hartes Muskelgewebe und Muskelkrämpfe • hilft, wenn Pferde oft umknicken

Das SES 16 befindet sich an der Außenseite des hinteren Sprunggelenkes.

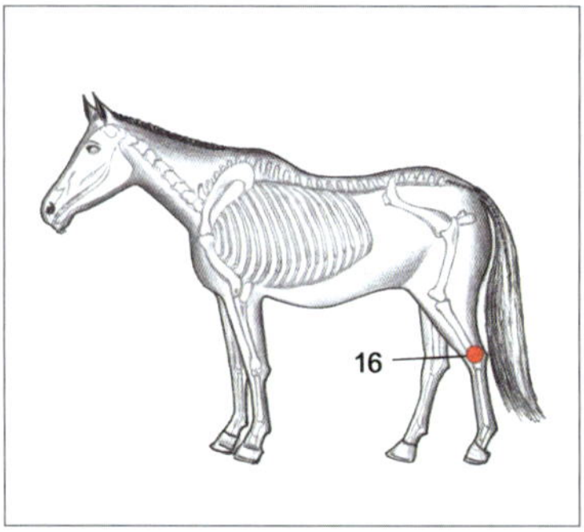

Das **SES 8** unterstützt das **SES 16,** daher können Sie beide Energieschlösser auch gut zusammen halten.

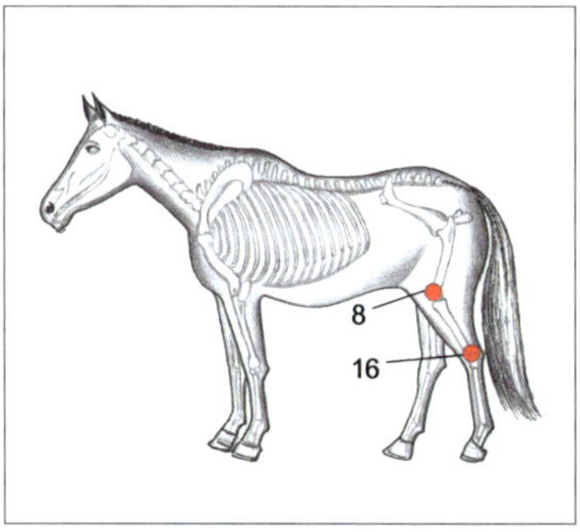

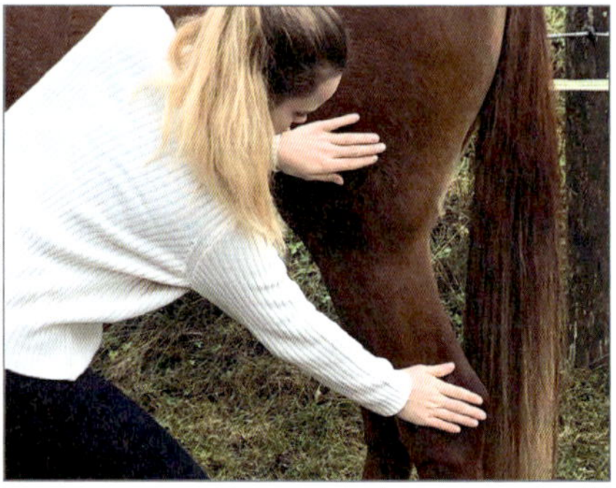

SES 17
löst Spannung, Stress und Unruhe • harmonisiert das Nervensystem • hilft bei Nervosität und Zittrigkeit • gibt dem Körper bei Erschöpfung einen Energieschub • harmonisiert die Fortpflanzungsenergie • stärkt den Kreislauf und das Herz • lindert Blähungen • hilft bei Darmerkrankungen und Verstopfung

Das SES 17 befindet sich an der Außenseite des Vorderfußwurzelgelenkes.

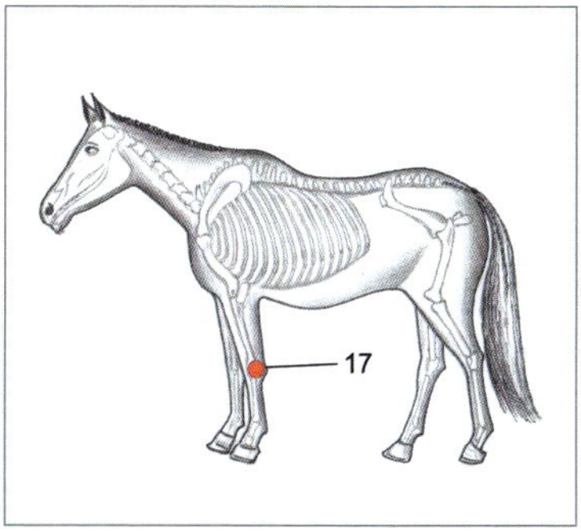

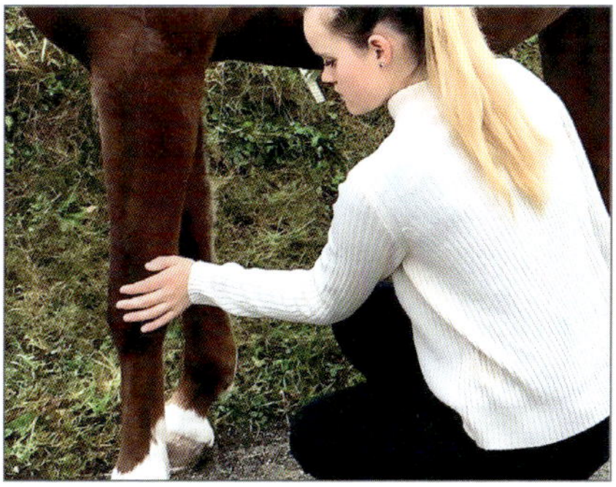

SES 18
unterstützt die Atmung • hilft bei Knochenverformungen • bringt zur Ruhe • nimmt Ungeduld • harmonisiert den Brustraum und den Hinterkopf • gut bei Schlafstörungen • unterstützt die Beine • hilft, wenn das Pferd zum Stolpern neigt

Das SES 18 befindet sich an der Innenseite des Vorderfußwurzelgelenkes.

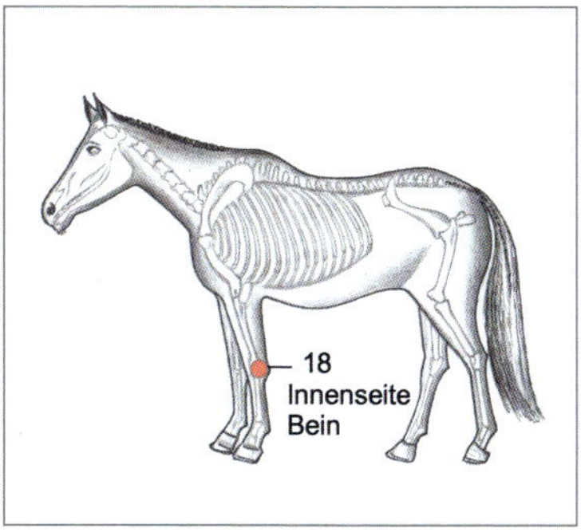

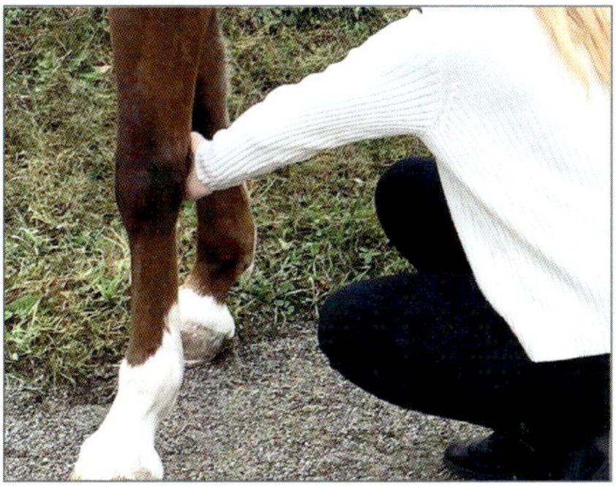

SES 19
bringt inneres und äußeres Gleichgewicht • unterstützt die Knie • harmonisiert das Immunsystem und hilft bei Allergien • wirksam gegen Parasiten • hilft bei Futterneid • stärkt das Selbstbewusstsein • stärkt und beruhigt, wenn Pferde viel im Stall stehen • wirkt belebend und energetisierend • lindert Juckreiz

Das SES 19 befindet sich an der Innenseite des Vorderbeines in der Ellenbeuge.

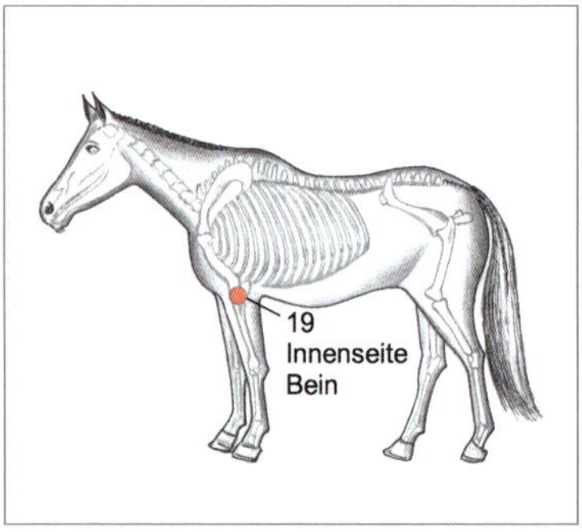

Das hohe SES 19 befindet sich an der Innenseite des Vorderbeines, ca. einen Hufbreit oberhalb von SES 19.

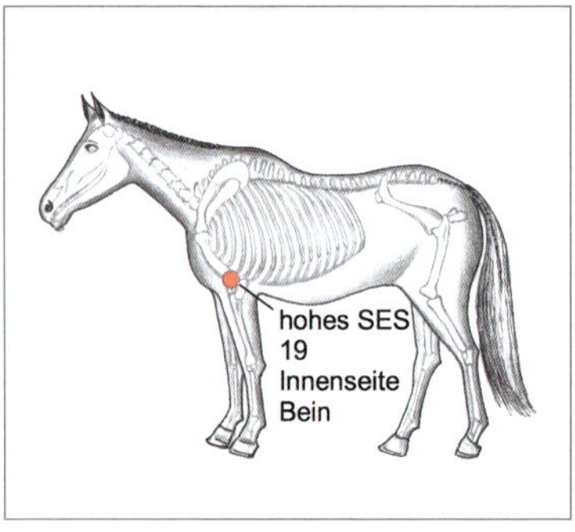

SES 20
harmonisiert Kopfschmerzen, Migräne und Blutdruck • unterstützt zusammen mit dem SES 4 die Augen • hilft bei Stress • hilft bei Schwindel und stärkt den Gleichgewichtssinn • gut bei Husten und Schleimbildung

Das SES 20 liegt auf der Stirn oberhalb des Auges.

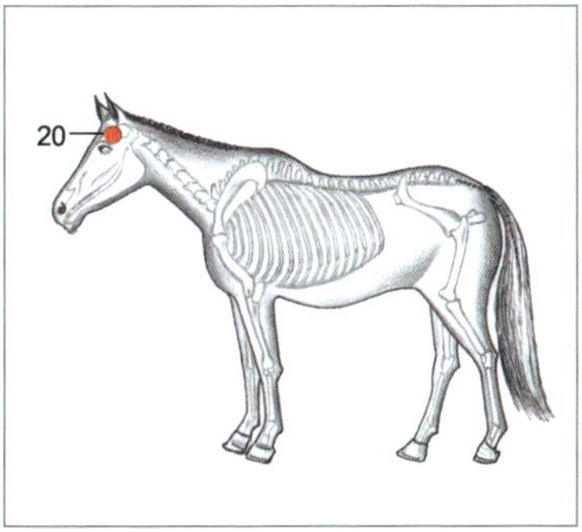

SES 21
vermittelt tiefe Sicherheit und Vertrauen ins Leben • gibt Energie und macht wach • harmonisiert Schnupfen, Nebenhöhlenentzündungen, Zahnschmerzen und neuralgische Schmerzen • reguliert das Gewicht • befreit von Zwängen • hilft Turnierpferden beim Aufbau der Kondition und bei starker Beanspruchung

Das SES 21 liegt unterhalb des Wangenknochens.

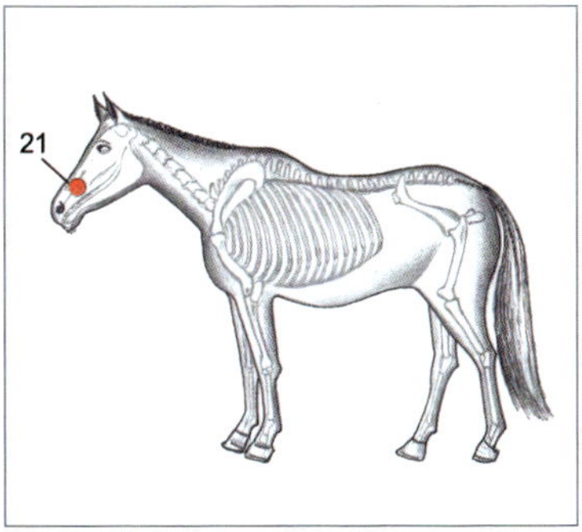

Die 26 Energieschlösser

Sie können das **SES 21** auch gut zusammen mit dem **SES 22** halten, da sich beide Energieschlösser gegenseitig unterstützen.

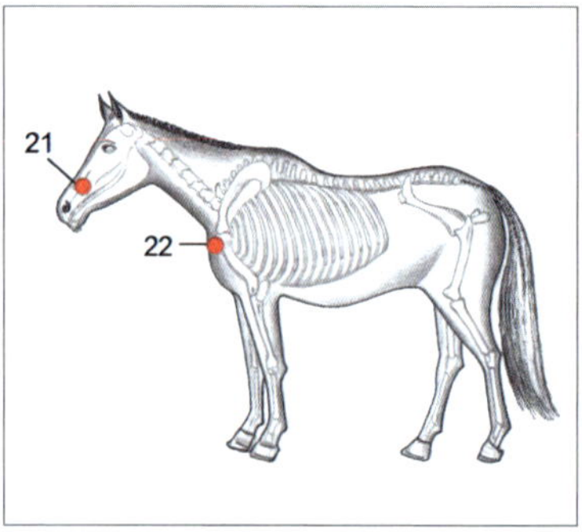

SES 22
hilft, sich an Gegebenheiten anzupassen, z. B. ein neues Zuhause, das Wetter, Umweltreize und -gifte • bringt Flexibilität • nimmt Angst, z. B. nach Misshandlungen • harmonisiert die Schilddrüse und den Lymphfluss • gleicht Überaktivität aus

Das SES 22 befindet sich auf der Brust unterhalb des Schlüsselbeines.

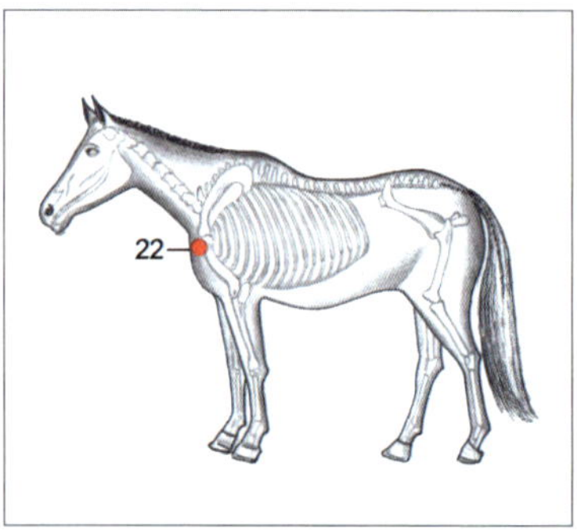

SES 23
wichtiges Energieschloss, um Angst zu transformieren • baut Stress ab • hilft bei Tumoren und Ansammlungen • stärkt das Immunsystem • reinigt, entgiftet und entsäuert den Körper • lindert Schmerzen • entspannt die Muskeln • hilft bei rheumatischen Erkrankungen

Das SES 23 liegt auf dem Rücken an der Wirbelsäule auf Höhe der letzten Rippe.

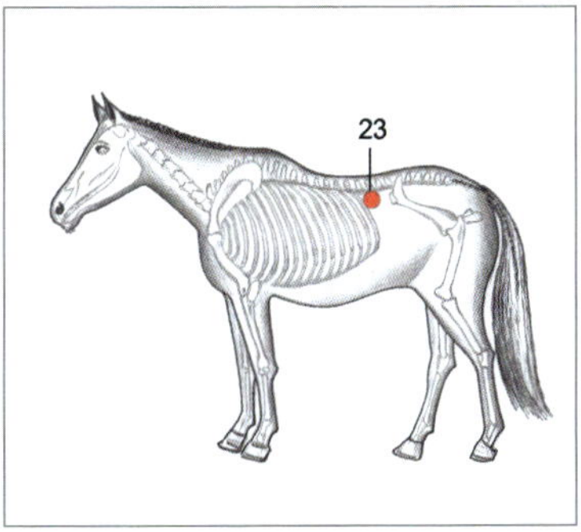

SES 24
löst Chaos und Verwirrung • hilft bei Tumoren • harmonisiert Sturheit und Eifersucht • unterstützt die Gallenblase • löst Erschöpfung und Zittrigkeit

Das SES 24 befindet sich an der Außenseite des Röhrbeines.

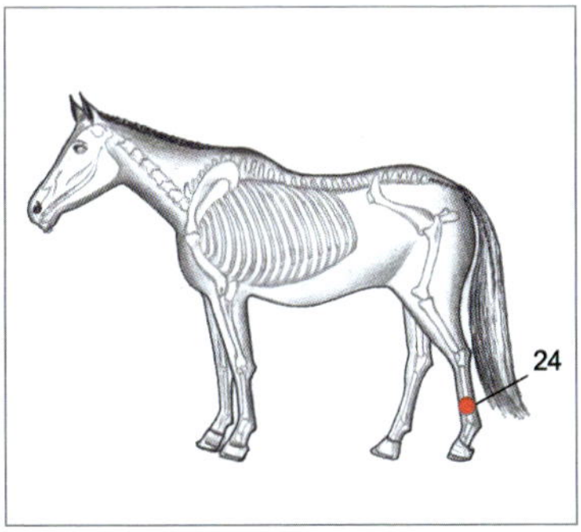

SES 25
versorgt den Körper, den Geist und die Seele mit neuer Energie • harmonisiert den Stoffwechsel • wirkt entgiftend und entwässernd • stärkt das Bindegewebe • unterstützt die Nieren und die Blase • belebt alle Kreisläufe und das ganze Wesen • bringt Entspannung und Regeneration

Das SES 25 liegt direkt unterhalb des Sitzbeinhöckers.

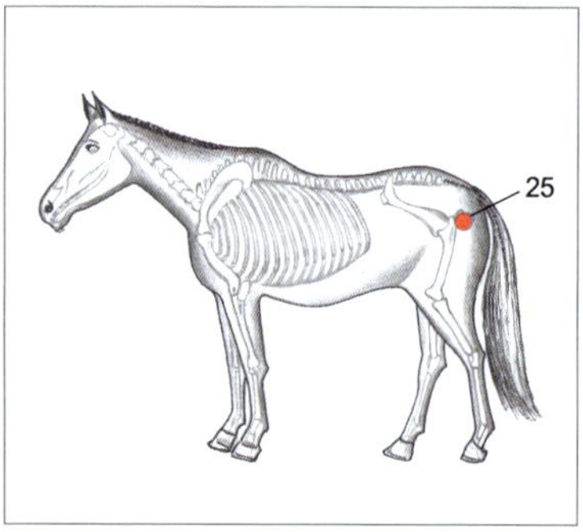

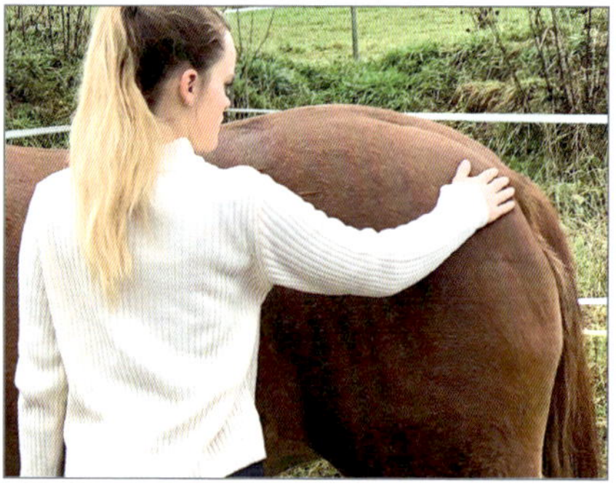

SES 26
hilft bei allen Ansammlungen wie Zysten, Tumore und Geschwülste • ist wichtig für das Lymphsystem und den Lymphfluss • bringt neue Lebenskraft • unterstützt die Vorderbeine • hilft bei Satteldruck • löst Knötchen in den Muskeln

Das SES 26 befindet sich seitlich am Brustkorb, schräg oberhalb des Ellenbogens.

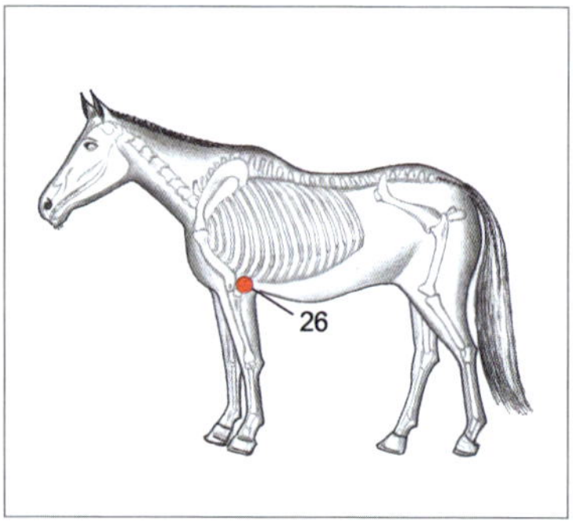

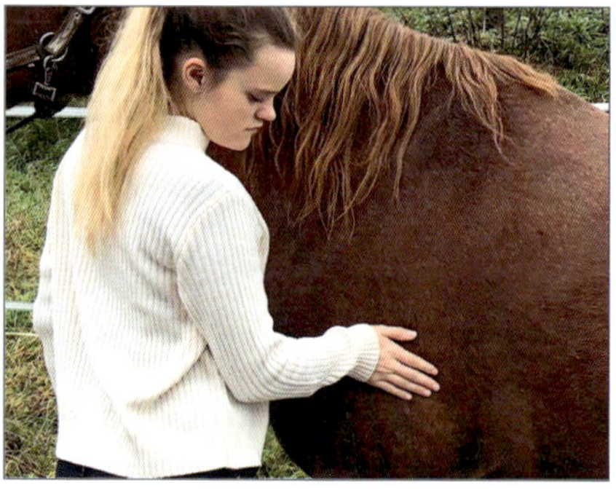

Allgemeine Harmonisierer

Erste Zentrierung

Folgender Griff eignet sich sehr gut für den Beginn einer Behandlung: Legen Sie eine Hand auf die Brust **zwischen beide SES 13,** die andere Hand auf den Rücken **zwischen beide SES 10.**

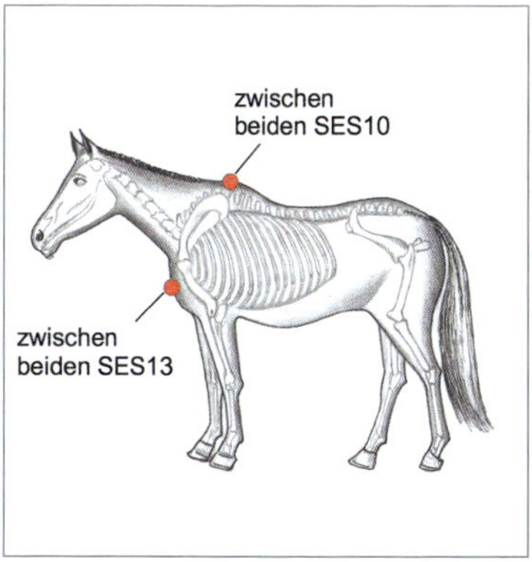

Dies ist ein guter Griff zur Begrüßung und Einstimmung und zur ersten Entspannung. Er bringt Aus- und Einatmung ins Gleichgewicht und hilft dem Pferd, zur Ruhe zu kommen und sich auf das Geströmtwerden einzustimmen.

Es ist auch ein wichtiger Griff bei

- allen Atemproblemen,
- Husten,
- Bronchitis,
- Allergien,
- Trächtigkeit,
- vernachlässigten und misshandelten Pferden
- und sehr scheuen und ängstlichen Tieren.

Zum Beleben der Energie

Dieser einfache Griff eignet sich ebenfalls gut für den Beginn einer Behandlung. Außerdem belebt er die Energie und führt zu einer tiefen Beruhigung. Es ist ein hilfreicher Griff für Pferde, die sehr unruhig sind oder sich nicht so gern berühren lassen.
Ebenso handelt es sich um einen guten Erste-Hilfe-Griff bei allen Verletzungen und Unfällen, bei Schock und Überhitzung.

Für die linke Körperseite:
Legen Sie die eine Hand auf das **linke SES 4,** direkt unter die Schädelbasis, und die andere Hand auf das **linke SES 13,** also auf die linke Seite des Brustkorbes, ungefähr auf Höhe der dritten Rippe.

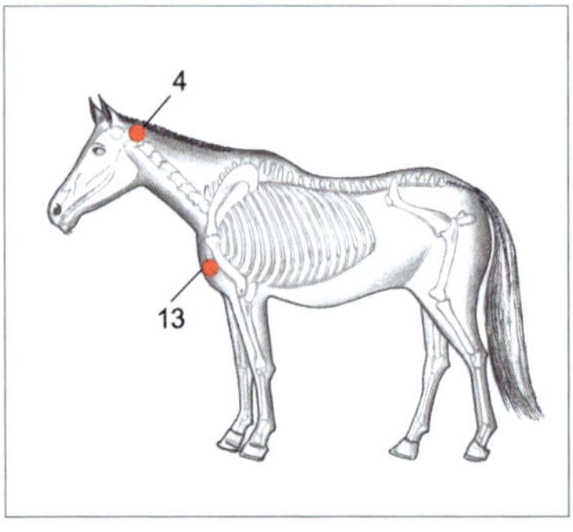

Und umgekehrt für die rechte Körperseite:
Legen Sie die eine Hand auf das **rechte SES 4** und die andere Hand auf das **rechte SES 13.**

Dieser Griff

- löst allgemeine Müdigkeit,
- hilft bei allem, was mit dem Kopf zu tun hat,
- stärkt die Augen,
- unterstützt die Beine auf der jeweiligen Körperseite,
- hilft der Hüfte,
- harmonisiert die Emotionen
- und ist ein wichtiger Griff in der Sterbehilfe – er stoppt das Sterben, wenn es noch nicht dran ist, hilft dem Tier aber auch, gehen zu können.

Der Zentralstrom

Der Zentralstrom ist der Strom, der Mensch und Tier direkt mit der universellen Lebensquelle, der göttlichen Energie, der Quelle, die erst das Leben in den Körper bringt, verbindet. Er wird auch »Wunderheiler«, »Hauptzentralstrom« oder »Mittelstrom« genannt und versorgt Mensch und Tier mit der universellen Lebensenergie. Er fließt ununterbrochen an unserer Körpervorderseite, beim Tier an der Körperunterseite, hinunter und an der Körperrückseite bzw. -oberseite wieder hinauf, also genau auf der Mittellinie des Körpers, daher auch die Bezeichnung »Mittelstrom«.

Jiro Murai nannte diesen Strom auch den »großen Lebensatem«. Da er die direkte Verbindung zur universellen Energie ist, ist er sozusagen unsere Hauptversorgungsquelle. Durch ihn wird Leben überhaupt erst möglich. Er liefert die Energie für alle Vorgänge im Körper.

Indem wir bestimmte Energiepunkte halten, können wir dem Zentralstrom helfen, kraftvoll und ungehindert zu fließen. Lassen Sie sich nicht von der Länge des Stromes abschrecken. Sie werden gleich beim ersten Strömen merken, wie logisch und einfach die

Griffe sind. Da er der kraftvollste Strom überhaupt ist, lohnt es sich auf jeden Fall, sich mit ihm zu befassen und ihn immer wieder einmal anzuwenden. Es ist nicht so kompliziert, wie es aussieht.

Im Folgenden finden Sie eine lange Version des Zentralstromes – einmal für kleine, einmal für größere Tiere – und eine kurze für den Fall, dass Sie einmal nicht ganz so viel Zeit haben sollten.

Der Zentralstrom für kleine und mittelgroße Pferde

1. SCHRITT: Legen Sie die linke Hand **zwischen beide SES 13,** in die Mitte der Brust. Sie bleibt bis zum neunten Schritt des Stromes dort liegen. Legen Sie die rechte Hand auf die **Schweifrübe.**

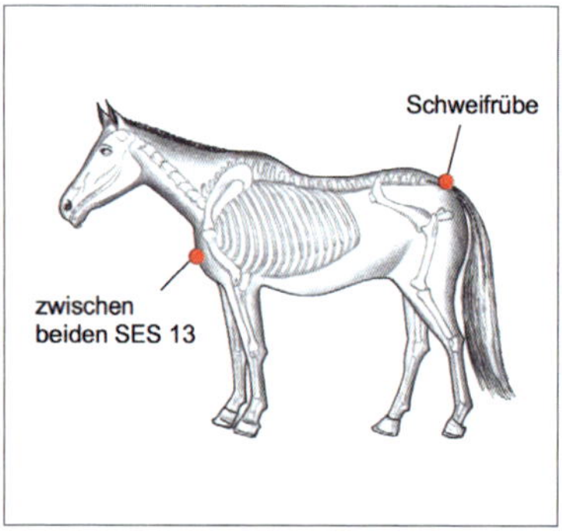

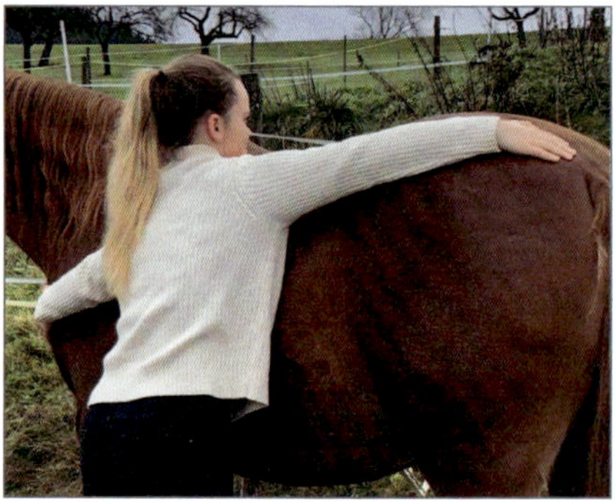

2. SCHRITT: Legen Sie die rechte Hand **zwischen beide SES 2**, an die obere Kante des Beckens.

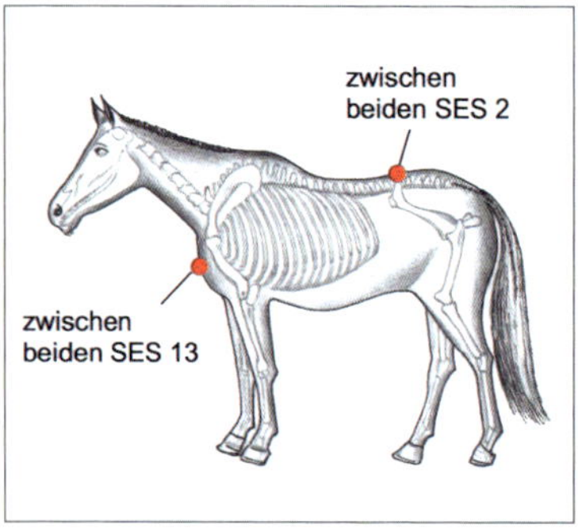

3. SCHRITT: Legen Sie die rechte Hand **zwischen beide SES 23**, auf den Rücken auf Höhe des letzten Rippenbogens.

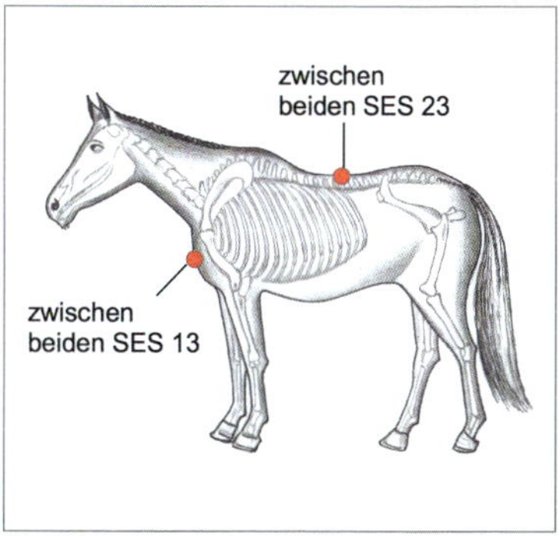

4. SCHRITT: Legen Sie die rechte Hand **zwischen beide SES 9**, auf den Rücken auf Höhe des unteren Endes des Schulterblattes.

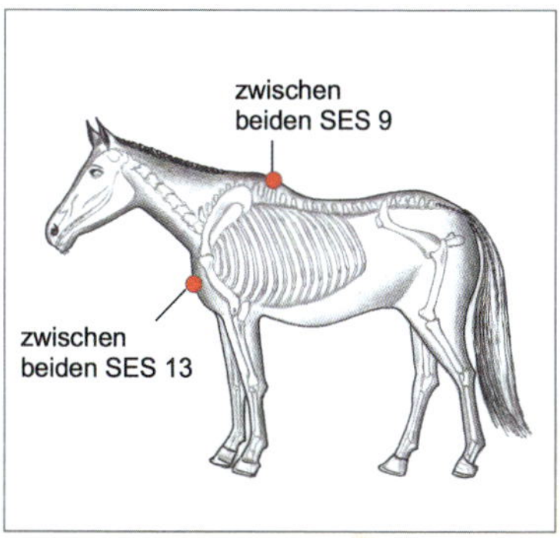

5. SCHRITT: Legen Sie die rechte Hand **zwischen beide SES 10,** auf den Rücken auf Höhe der Schulterblattmitte.

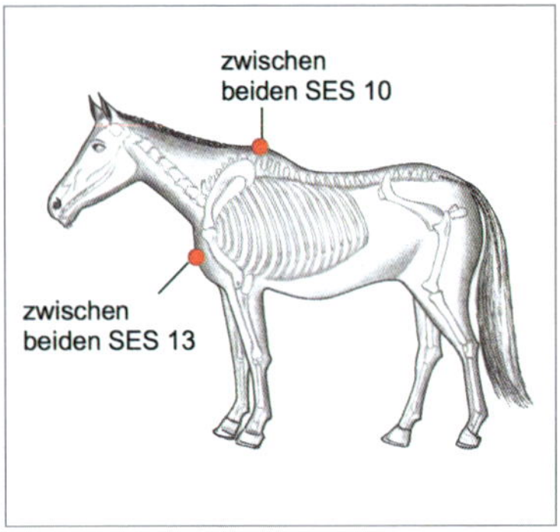

6. SCHRITT: Legen Sie die rechte Hand **zwischen beide SES 3,** auf den Rücken auf Höhe des oberen Endes des Schulterblattes.

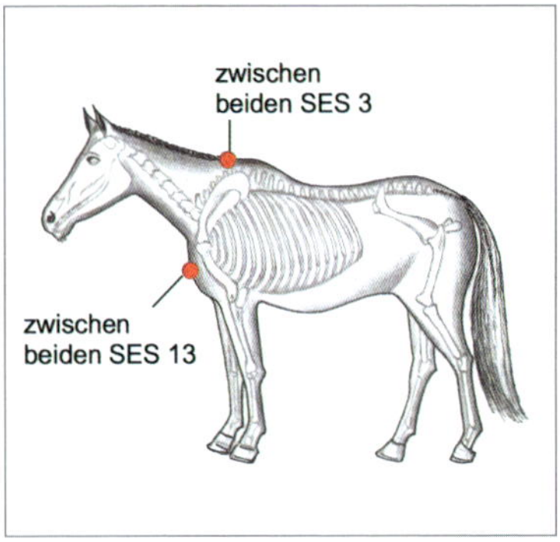

7. SCHRITT: Legen Sie die rechte Hand **zwischen beide SES 11,** ans untere Ende der Halswirbelsäule.

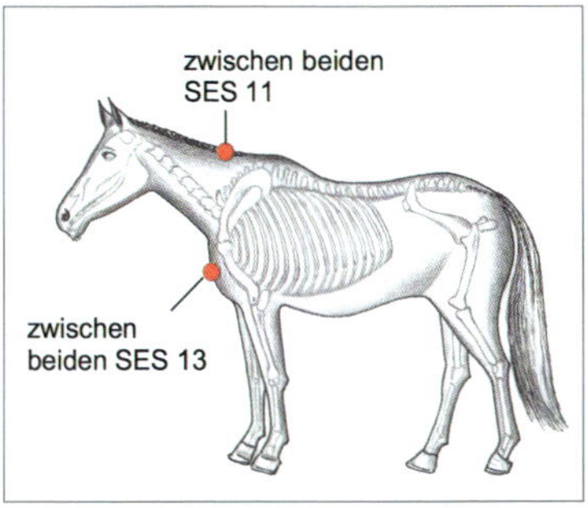

8. SCHRITT: Legen Sie die rechte Hand **zwischen beide SES 12,** in die Mitte des Nackens.

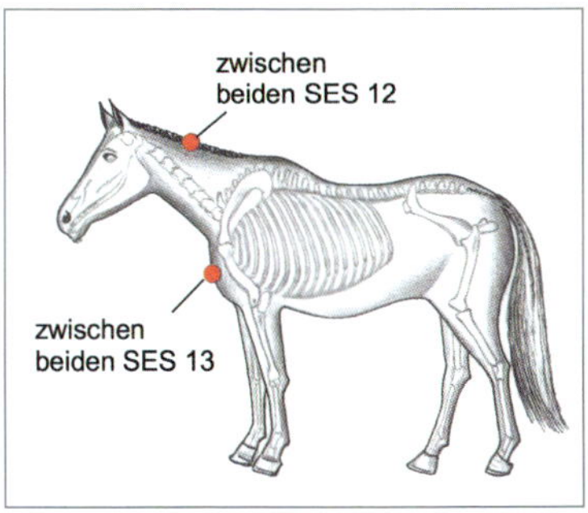

9. SCHRITT: Legen Sie die rechte Hand **zwischen beide SES 4,** direkt unterhalb der Schädelbasis.

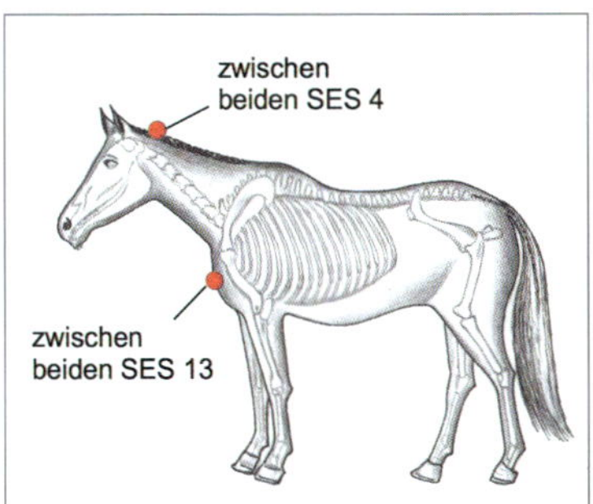

10. SCHRITT: Legen Sie die rechte Hand **zwischen beide SES 20,** in die Mitte der Stirn, und die linke Hand **zwischen beide SES 13.**

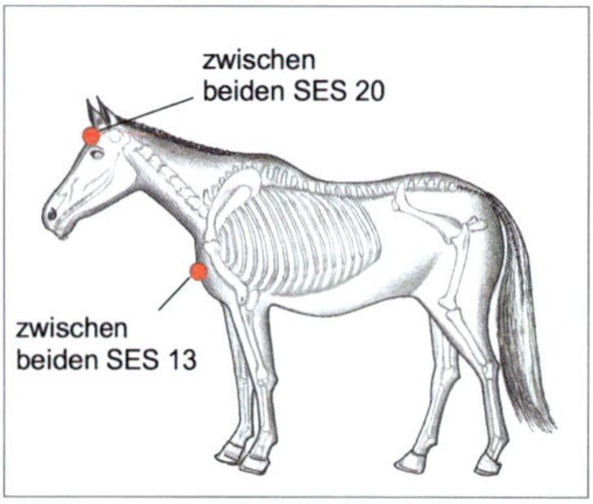

Der Zentralstrom für große Pferde

1. SCHRITT: Legen Sie die linke Hand **zwischen beide SES 23,** in die Mitte des Rückens hinter der letzten Rippe. Legen Sie die rechte Hand auf die **Schweifrübe.**

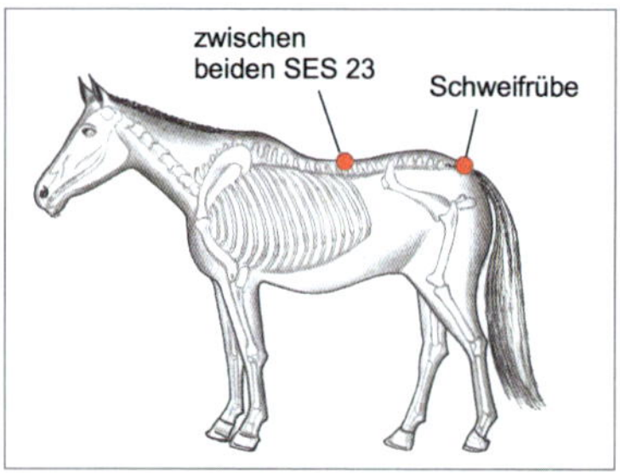

2. SCHRITT: Lassen Sie die linke Hand **zwischen beiden SES 23,** und legen Sie die rechte Hand **zwischen beide SES 2,** an die obere Kante des Beckens.

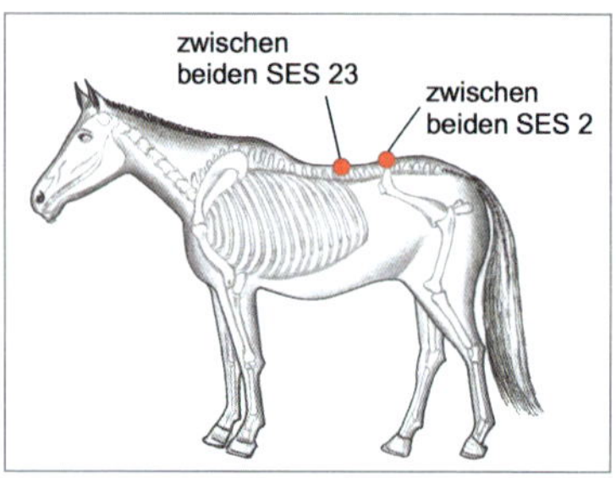

3. SCHRITT: Legen Sie die linke Hand auf die Brust **zwischen beide SES 13.** Dort bleibt sie bis zum Ende des Stromes liegen. Legen Sie die rechte Hand **zwischen beide SES 9,** auf den Rücken auf Höhe des unteren Endes des Schulterblattes.

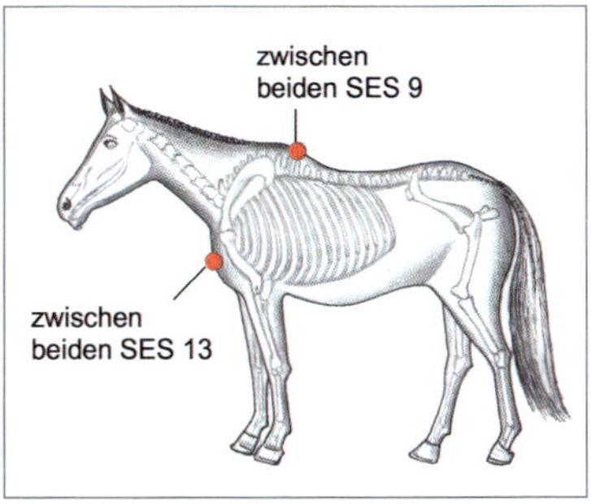

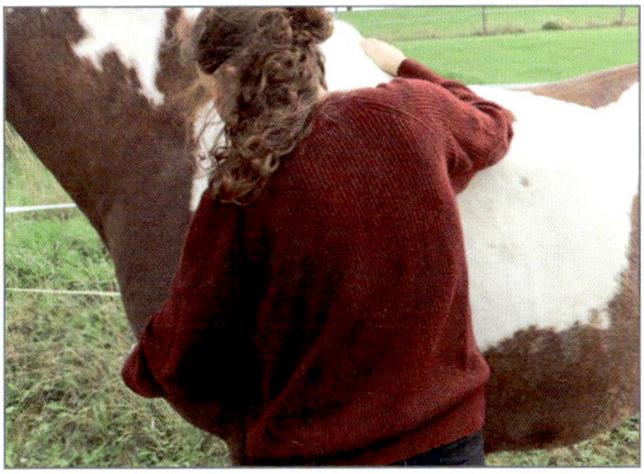

4. SCHRITT: Legen Sie die rechte Hand **zwischen beide SES 10,** auf den Rücken auf Höhe der Schulterblattmitte.

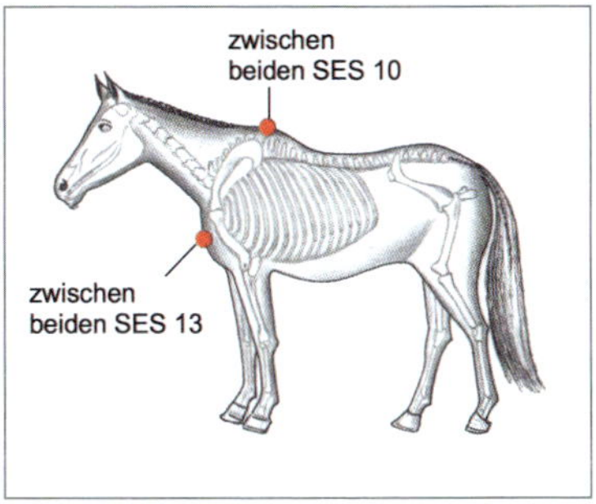

5. SCHRITT: Legen Sie die rechte Hand **zwischen beide SES 3**, auf den Rücken auf Höhe des oberen Endes des Schulterblattes.

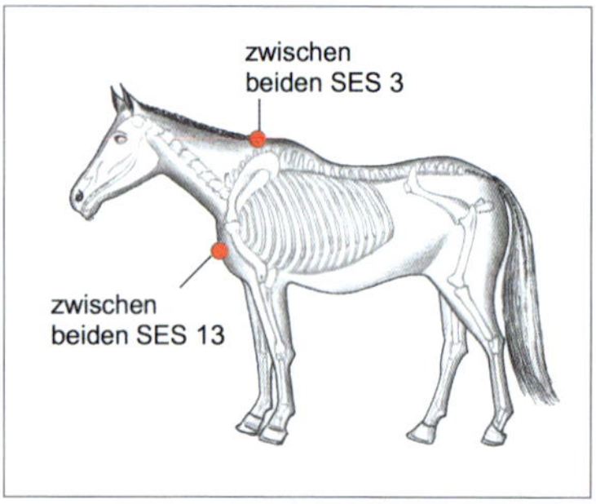

6. SCHRITT: Legen Sie die rechte Hand **zwischen beide SES 11**, ans untere Ende der Halswirbelsäule.

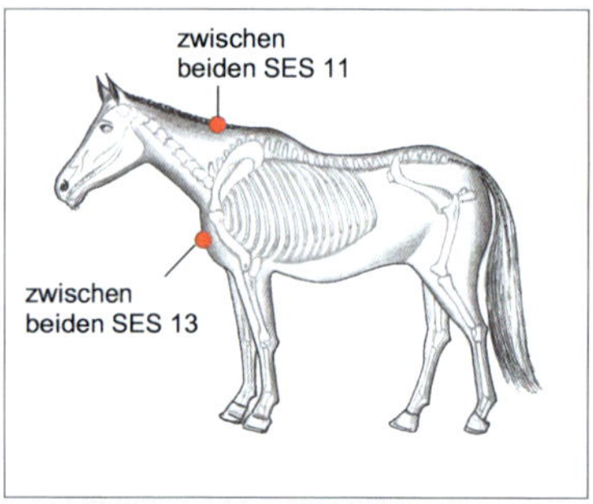

7. SCHRITT: Legen Sie die rechte Hand **zwischen beide SES 12**, in die Mitte des Nackens.

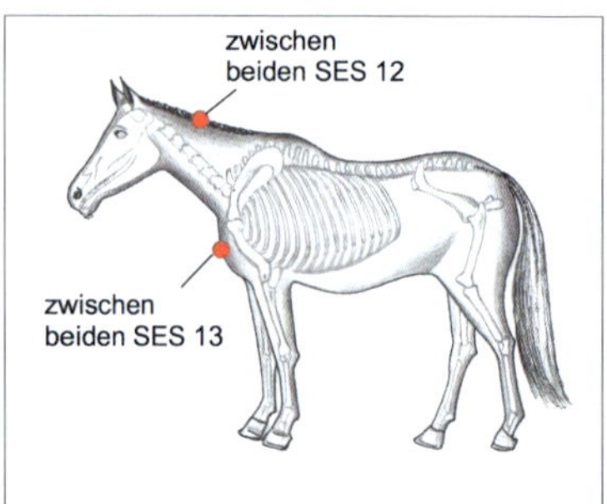

8. SCHRITT: Legen Sie die rechte Hand **zwischen beide SES 4,** direkt unterhalb der Schädelbasis.

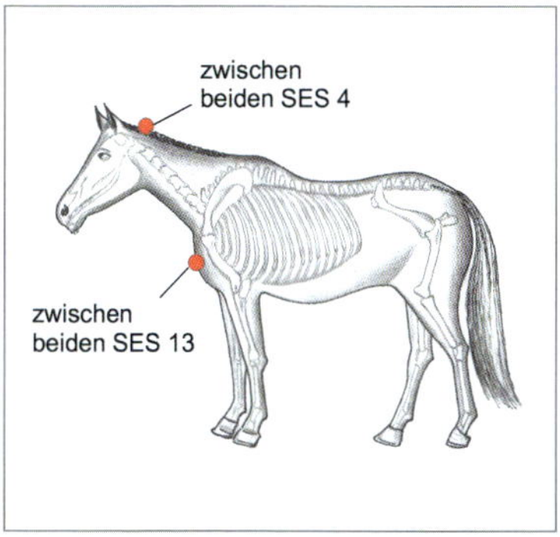

9. SCHRITT: Legen Sie die rechte Hand **zwischen beide SES 20,** in die Mitte der Stirn.

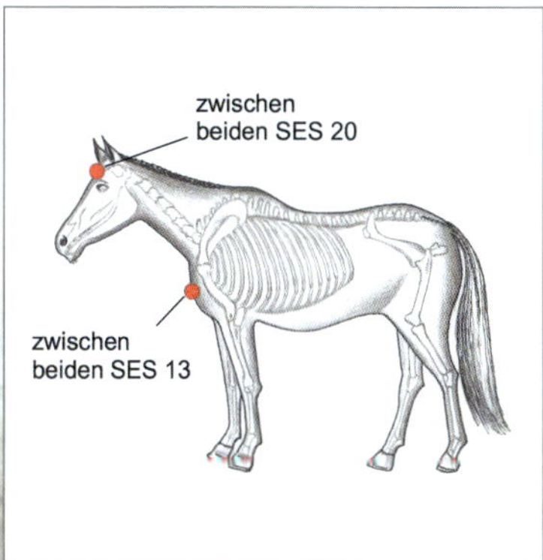

Die kurze Variante des Zentralstromes

1. SCHRITT: Legen Sie die linke Hand auf die **Kopfmitte** und die rechte Hand **zwischen beide SES 9,** auf den Rücken auf Höhe des unteren Endes des Schulterblattes.

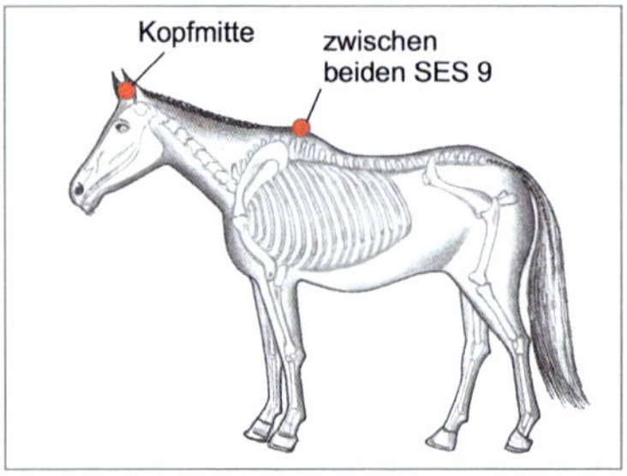

2. SCHRITT: Legen Sie die linke Hand auf den Rücken **zwischen beide SES 9** und die rechte Hand **zwischen beide SES 23,** auf den Rücken auf Höhe des letzten Rippenbogens.

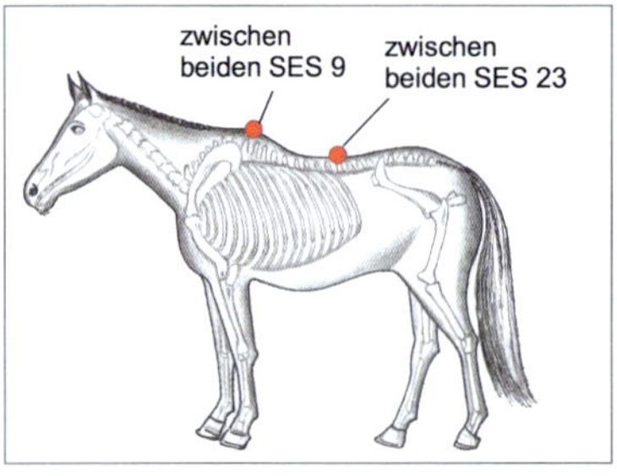

3. SCHRITT: Legen Sie nun die linke Hand **zwischen beide SES 23** und die rechte Hand auf die **Schweifrübe.**

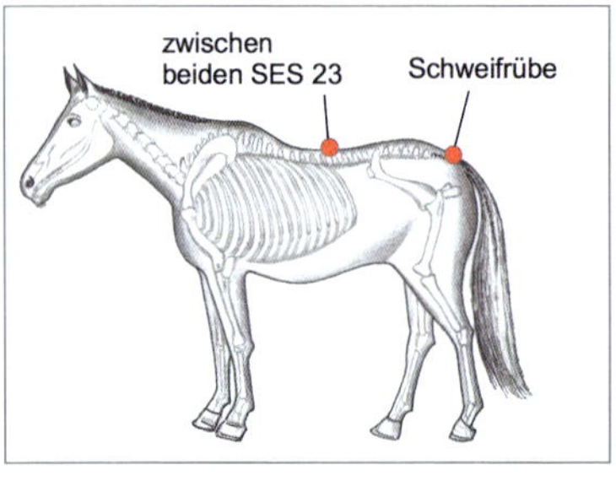

Der Zentralstrom ist sehr kraftvoll. Er bringt das ganze Wesen in Harmonie und hilft, voll und ganz zu regenerieren.

Der Zentralstrom

› entspannt Körper, Psyche und Nerven,
› bringt Körper, Geist und Seele neue Kraft und Energie,
› unterstützt das Immunsystem,
› harmonisiert das Hormonsystem,
› belebt den Stoffwechsel,
› regt die Selbstheilungskräfte an,
› kann tiefe Traumata heilen,
› kann Ängste und Depressionen lösen,
› stärkt die Wirbelsäule,
› wirkt positiv auf das Nervensystem und das Herz-Kreislauf-System
› und harmonisiert von Kopf bis Fuß.

Die Betreuerströme

Ein weiterer Strom, der das ganze Wesen harmonisiert, ist der Betreuerstrom. Dabei handelt es sich genau genommen um zwei Ströme, die links und rechts symmetrisch auf beiden Seiten des Körpers verlaufen.

Ihr Name rührt daher, dass sie beide Körperseiten betreuen und unterstützen – und damit alle Energieschlösser, die auf diesen Strömen liegen. Die Betreuerströme wirken also, wie auch der Zentralstrom, sehr tief und umfassend.

Sie können die nachfolgend beschriebenen Griffe zur allgemeinen Harmonisierung und auch dann anwenden, wenn Sie nicht so recht wissen, was Sie strömen sollen. Sie helfen immer und bei allem.

Die Betreuerströme für kleine und mittelgroße Pferde

Für die linke Körperseite:

1. SCHRITT: Legen Sie linke Hand auf das **linke SES 11,** ans untere Ende der Halswirbelsäule, und die rechte Hand auf das **linke SES 25,** unter den Sitzbeinhöcker.

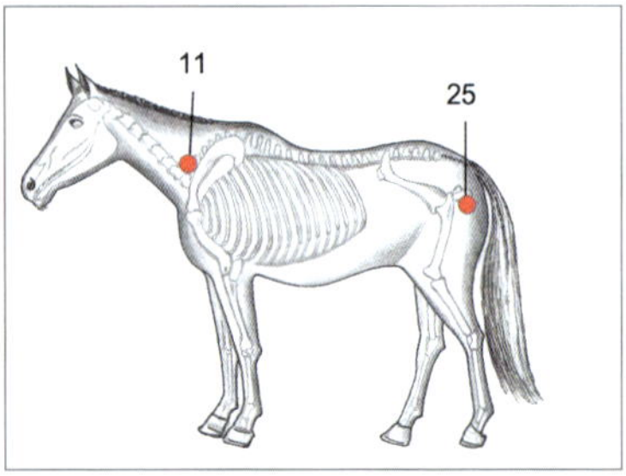

2. SCHRITT: Lassen Sie die linke Hand auf dem **linken SES 11,** und legen Sie die rechte Hand auf das **linke SES 15,** in die Leiste.

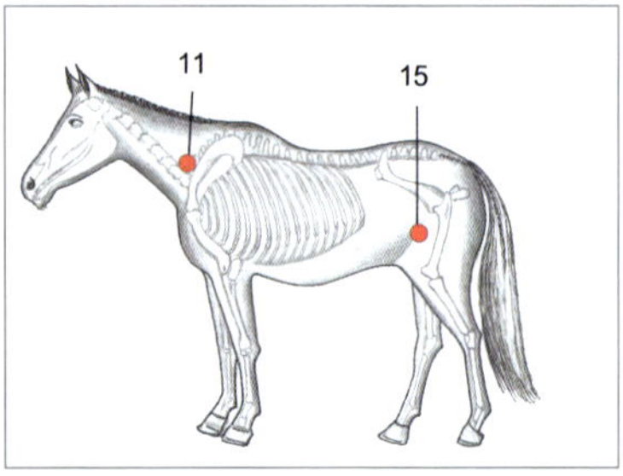

Und umgekehrt für die rechte Körperseite:

1. SCHRITT: Legen Sie rechte Hand auf das **rechte SES 11** und die linke Hand auf das **rechte SES 25**.

2. SCHRITT: Lassen Sie die rechte Hand auf dem **rechten SES 11**, und legen Sie die linke Hand auf das **rechte SES 15**.

Die Betreuerströme für große Pferde

Bei großen Pferden kann es sein, dass Ihre Arme zu kurz sind, um das SES 11 und das SES 25 zusammen zu halten. Dann können Sie folgende Griffe anwenden.

Für die linke Körperseite:
1. SCHRITT: Legen Sie die linke Hand auf das **linke SES 11** und die rechte Hand auf das **linke SES 15.**

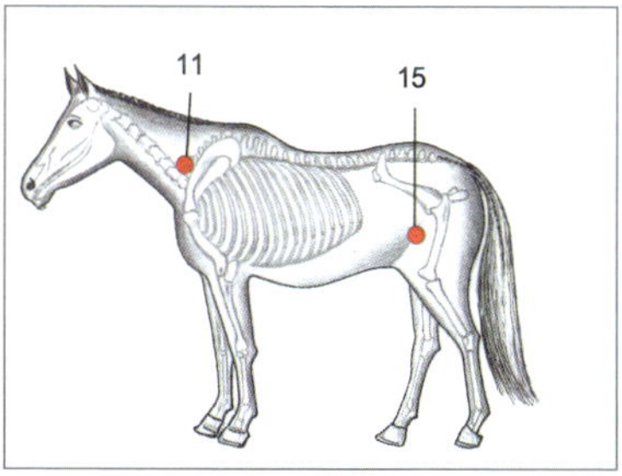

2. SCHRITT: Legen Sie Sie die linke Hand auf das **linke SES 15** und die rechte Hand auf das **linke SES 25.**

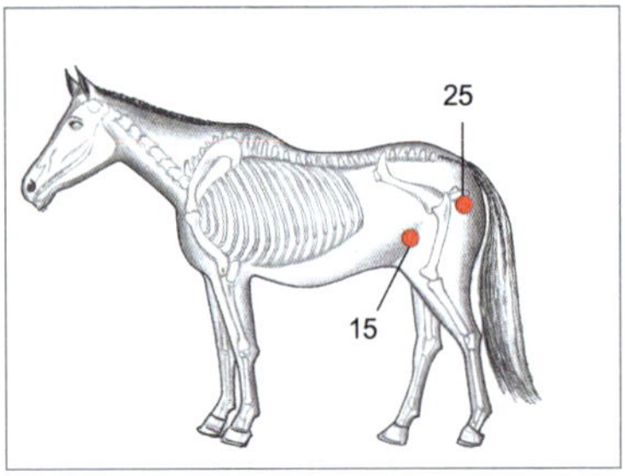

Und umgekehrt für die rechte Körperseite:
1. SCHRITT: Legen Sie die rechte Hand auf das **rechte SES 11** und die linke Hand auf das **rechte SES 15.**

2. SCHRITT: Legen Sie nun die rechte Hand auf das **rechte SES 15** und die linke Hand auf das **rechte SES 25.**

Die Betreuerströme

› kann man immer strömen,
› sie stärken das gesamte Energiesystem und harmonisieren das ganze Wesen,
› harmonisieren die Atmung,
› unterstützen die Verdauung,
› stärken die Wirbelsäule,
› helfen bei Rückenbeschwerden,
› fördern die Heilung bei Knochenbrüchen,
› helfen, Stress abzubauen,
› unterstützen und harmonisieren alle Energieschlösser
› und sind sehr hilfreich in allen kritischen Situationen.

Drei weitere wichtige Ströme

Im Jin Shin Jyutsu gibt es drei weitere wichtige Ströme, die ebenfalls sehr kraftvoll und tiefgehend wirken, und zwar die Organströme Milzstrom, Magenstrom und Blasenstrom.

Wenn ich hier von Organstrom spreche, geht es nicht nur um das Organ selbst, sondern auch um die Energiequalität, die mit diesem Organ verbunden ist, also die zugehörigen, über das Organ hinausgehenden körperlichen und psychischen Entsprechungen.

Sie können erst die eine, dann die andere Körperseite strömen oder nur die Körperseite, die besonders bedürftig ist, z. B. die, auf der das Symptom auftritt oder stärker ist. Auch wenn Sie nur eine Körperseite strömen, wirkt dies auf die andere mit.

Der Milzstrom

Die Milz nennt man auch den »Ort des Lachens« und den Milzstrom die »persönliche Sonnenbank«. Der Milzstrom ist der wichtigste Strom für das Immunsystem. Er erneuert den ganzen Körper und versorgt alle Organe mit Energie. Er stärkt die Mitte und hilft, dem Leben zu vertrauen. Zudem öffnet er den Solarplexus und nährt alle anderen Ströme.

Der Milzstrom

› ist ein wichtiger Strom für Pferde, die viel Leid hinter sich haben,
› löst tiefe Ängste und bringt Urvertrauen,
› heilt Traumata,
› löst Stress und Nervosität,
› stärkt das Immunsystem,
› harmonisiert das Hormonsystem,
› stärkt das Lymphsystem,
› hilft bei Überempfindlichkeit und Schreckhaftigkeit,
› unterstützt die Haut,
› hilft bei Allergien,
› unterstützt die Blutbildung,
› stärkt das Bindegewebe,
› wirkt unterstützend bei Tumoren
› und unterstützt die Milz.

Für die linke Körperseite:
1. SCHRITT: Stellen Sie sich auf die linke Seite des Pferdes. Legen Sie die linke Hand auf das **linke SES 5,** an die Innenseite des Hinterbeines am Sprunggelenk, und die rechte Hand auf die **Schweifrübe.**

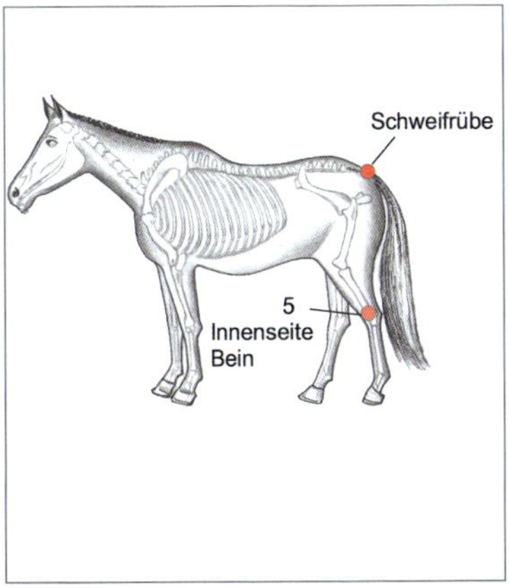

2. SCHRITT: Stellen Sie sich auf die rechte Seite des Pferdes. Legen Sie die linke Hand auf die **Schweifrübe** und die rechte Hand auf das **rechte SES 14,** auf den Bauch unterhalb des letzten Rippenbogens.

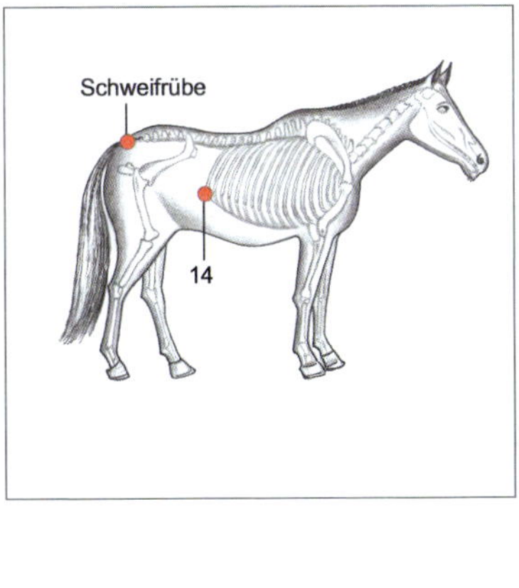

Drei weitere wichtige Ströme

3. SCHRITT: Legen Sie die **linke Hand** auf das **rechte SES 14** und die rechte Hand auf das **linke SES 13,** also auf die linke Seite des Brustkorbes etwas unterhalb der dritten Rippe.

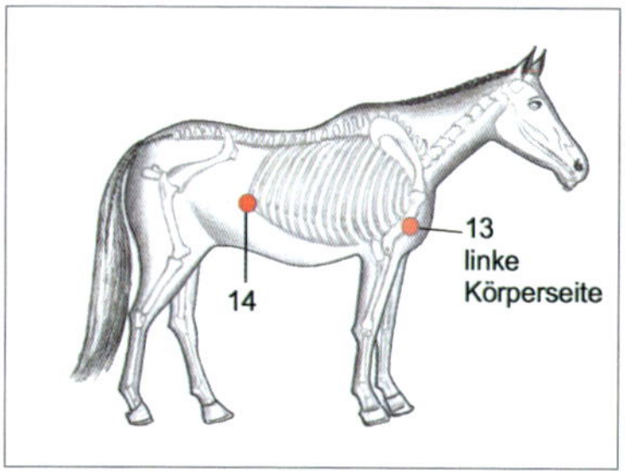

4. SCHRITT: Die **linke Hand** bleibt auf dem **rechten SES 14,** während die rechte Hand auf das **rechte SES 22,** also unter das rechte Schlüsselbein geht.

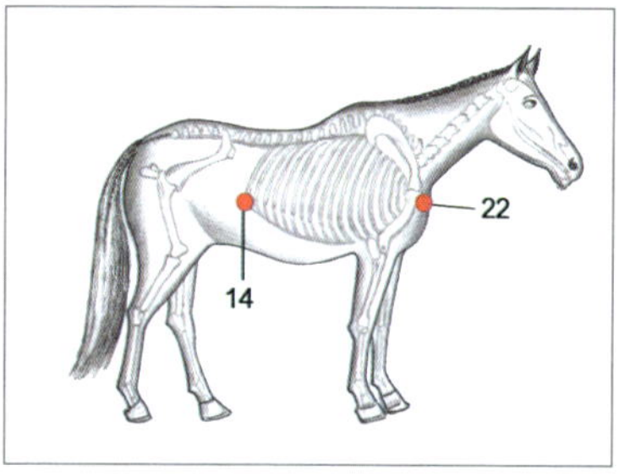

Und umgekehrt für die rechte Körperseite:
1. SCHRITT: Stellen Sie sich auf die rechte Seite des Pferdes. Legen Sie die rechte Hand auf das **rechte SES 5** und die linke Hand auf die **Schweifrübe.**

2. SCHRITT: Stellen Sie sich auf die linke Seite des Pferdes. Legen Sie die rechte Hand auf die **Schweifrübe** und die linke Hand auf das **linke SES 14.**

3. SCHRITT: Legen Sie die rechte Hand auf das **linke SES 14,** die linke Hand auf das **rechte SES 13.**

4. SCHRITT: Die rechte Hand bleibt auf dem **linken SES 14,** während die linke Hand auf das **linke SES 22** geht.

Kurzgriff für den Milzstrom:
Machen Sie den ersten Schritt des Milzstromes.

Der Magenstrom

Der Magenstrom fließt an der Körperunterseite vom Kopf bis in die Hinterhufe. Er hält die Mitte frei, sodass die Energie ungehindert hinunter- und wieder hinauffließen kann. Er unterstützt die körperliche, geistige und emotionale Verdauung, klärt und harmonisiert von Kopf bis Huf und hat einen sehr großen Wirkungsbereich. Pferde haben in Relation zu ihrer Größe einen relativ kleinen Magen und sind deswegen anfällig für Verdauungsprobleme und Koliken. Wenn Sie auf einen harmonischen Fluss des Magenstromes achten, können Sie Verdauungsproblemen vorbeugen. Lassen Sie sich nicht von der Länge des Stromes abschrecken.

Der Magenstrom

› hilft bei allem, was mit der Verdauung zu tun hat,
› hilft bei Bauchschmerzen und Koliken,
› harmonisiert Durchfall (linker Strom) und Verstopfung (rechter Strom),
› löst Blähungen,
› bringt Gewicht und Appetit ins Gleichgewicht,
› hilft bei allem, was mit Haut und Fell zu tun hat,
› hilft bei Allergien,
› ist wichtig für den Kopfbereich (Kiefer, Lippen, Zähne, Zahnfleisch, Nüstern, Nebenhöhlen, Ohren),
› reduziert starken Speichelfluss,
› harmonisiert das Hormonsystem,
› reguliert den Muskeltonus,
› wirkt harmonisierend bei Diabetes,
› unterstützt die Nieren,
› hilft bei Nervosität und »Ticks«
› und unterstützt Pferde, die viel Aufmerksamkeit fordern und sehr nervös, unruhig oder ängstlich sind.

Für die linke Körperseite:
1. SCHRITT: Stellen Sie sich auf die linke Seite des Pferdes. Legen Sie die linke Hand auf das **linke SES 21** (am unteren Rand des Jochbeinknochens, etwas oberhalb der Nase) oder alternativ, wenn das Pferd nicht so gern im Gesicht berührt werden will, auf das **linke SES 12** (seitlich am Hals in der Mitte der Halswirbelsäule). Während der ersten vier Schritte bleibt die Hand dort liegen.
Die rechte Hand geht auf das **linke SES 22** (unter dem linken Schlüsselbein). Auf den Fotos wird das SES 12 geströmt.

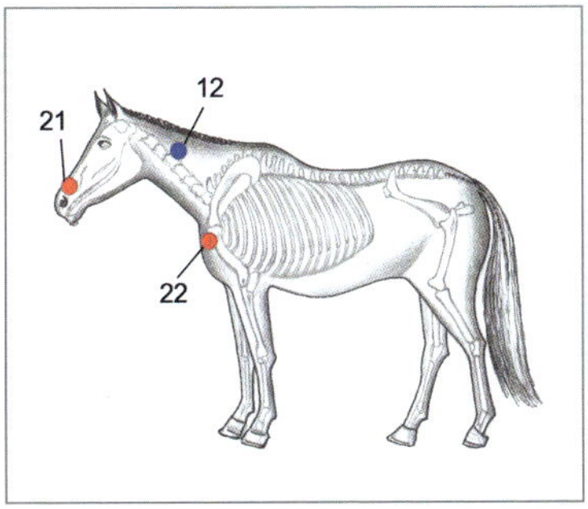

2. SCHRITT: Die rechte Hand geht auf das **rechte SES 14** (unterhalb des letzten rechten Rippenbogens). Bei kleinen Pferden können Sie dabei über den Rücken des Tieres, bei großen Pferden unter dem Bauch hindurchgreifen.

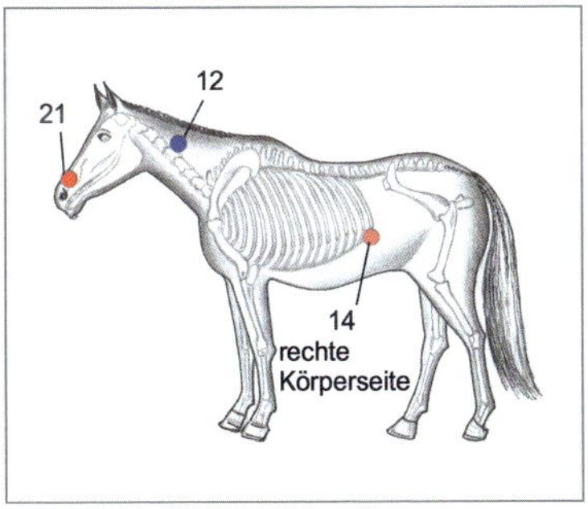

3. SCHRITT: Nun geht die rechte Hand auf das **rechte SES 23** (zwischen dem letzten Rippenbogen und der Wirbelsäule).

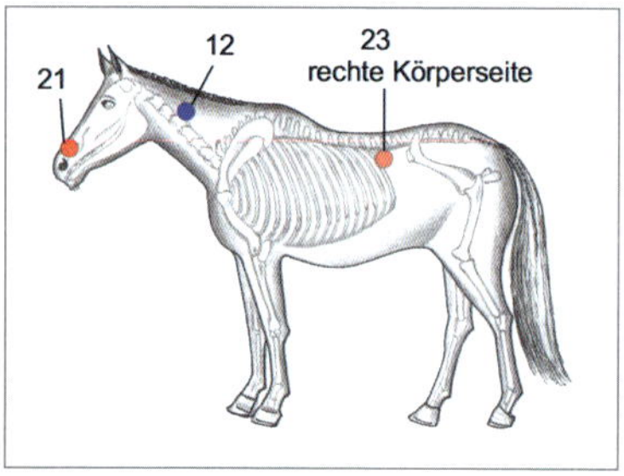

4. SCHRITT: Legen Sie die rechte Hand auf das **linke SES 14** (seitlich unterhalb des letzten Rippenbogens).

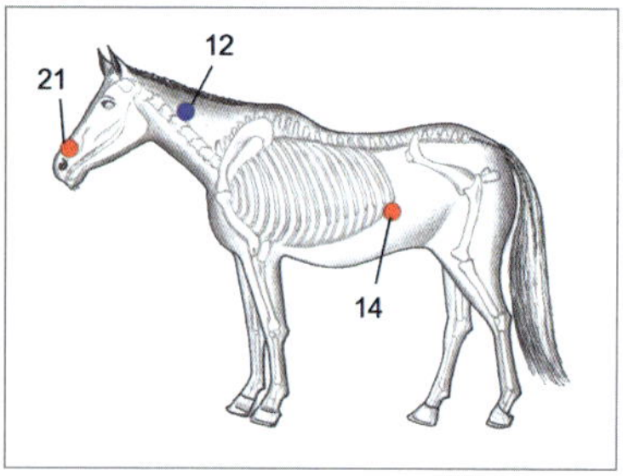

5. SCHRITT: Stellen Sie sich auf die rechte Seite des Pferdes. Legen Sie die rechte Hand auf das **rechte hohe SES 1** (ca. einen Hufbreit oberhalb des SES 1) und die linke Hand auf das **rechte SES 14.**

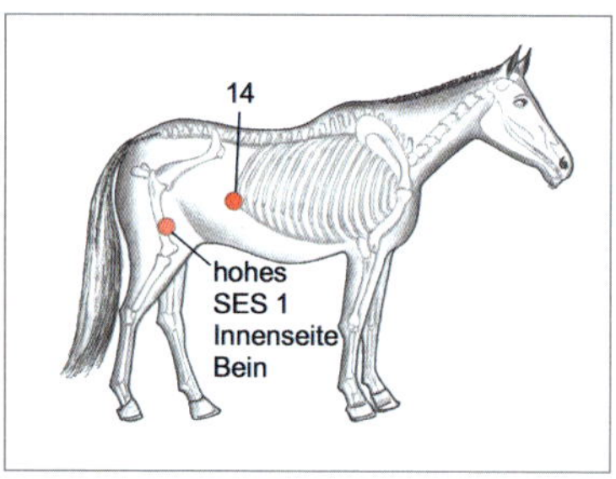

6. SCHRITT: Die rechte Hand bleibt auf dem **rechten hohen SES 1**, und die linke Hand geht auf das **rechte tiefe SES 8** (ca. einen Hufbreit unterhalb von SES 8).

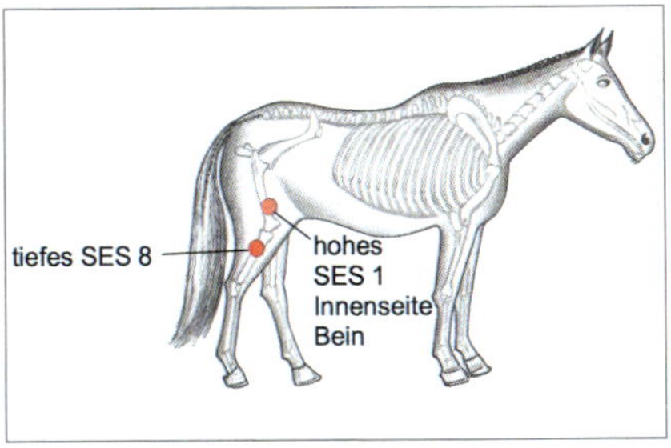

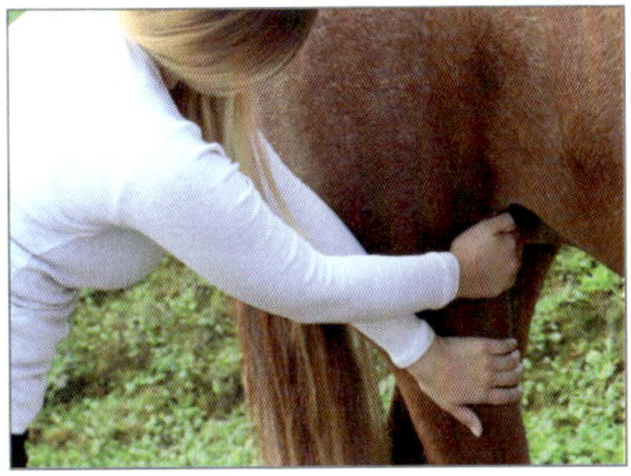

7. SCHRITT: Die rechte Hand bleibt weiterhin auf dem **rechten hohen SES 1,** die linke Hand geht an den **rechten Huf.**

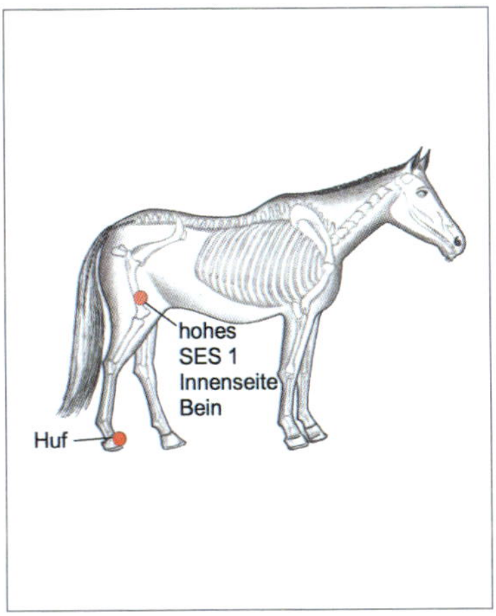

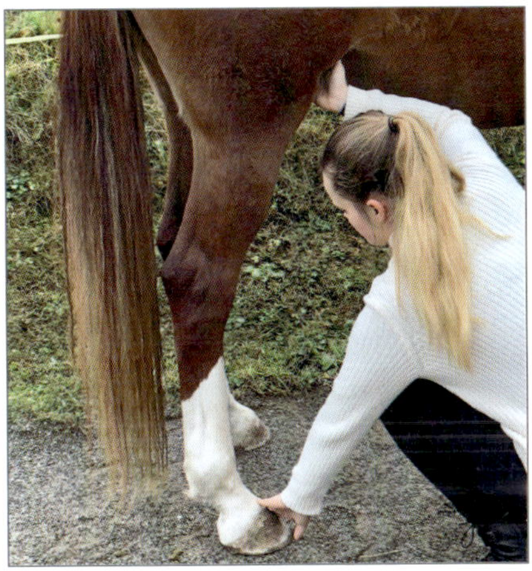

Drei weitere wichtige Ströme

Und umgekehrt für die rechte Körperseite:
1. SCHRITT: Stellen Sie sich auf die rechte Seite des Pferdes. Legen Sie die rechte Hand auf das **rechte SES 21** oder alternativ auf das **rechte SES 12.** Während der ersten vier Schritte bleibt die Hand dort liegen. Die linke Hand geht auf das **rechte SES 22.**

2. SCHRITT: Die linke Hand geht auf das **linke SES 14.**

3. SCHRITT: Nun geht die linke Hand auf das **linke SES 23.**

4. SCHRITT: Legen Sie die linke Hand auf das **rechte SES 14.**

5. SCHRITT: Stellen Sie sich auf die linke Seite des Pferdes. Legen Sie die linke Hand auf das **linke hohe SES 1** und die rechte Hand auf das **linke SES 14.**

6. SCHRITT: Die linke Hand bleibt auf dem **linken hohen SES 1,** und die rechte Hand geht auf das **linke tiefe SES 8.**

7. SCHRITT: Die linke Hand bleibt weiterhin auf dem **linken hohen SES 1,** die rechte Hand geht an den **linken Huf.**

Kurzgriffe für den Magenstrom:
Legen Sie eine Hand auf das SES 22, die andere Hand auf das SES 14.

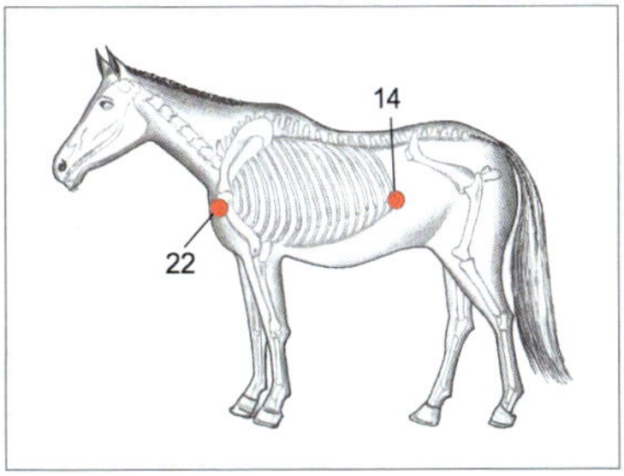

Oder halten Sie das SES 1 zusammen mit dem SES 8.

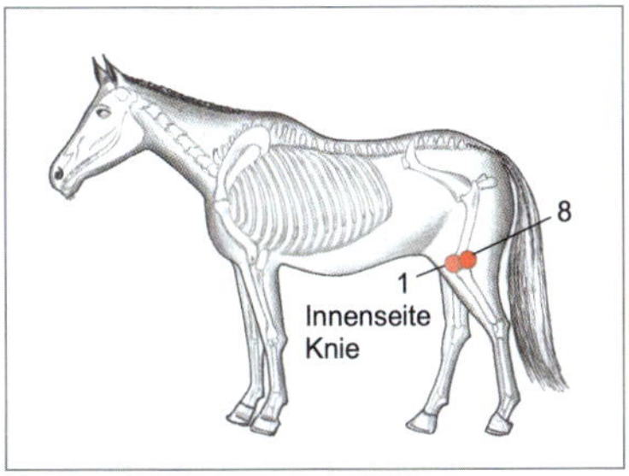

Der Blasenstrom

Der Blasenstrom ist ein sehr wichtiger Strom für Pferde, da sie Fluchttiere sind und »Angst« und »Schreckhaftigkeit« Hauptthemen des Blasenstromes sind. Zudem hilft er dem Rücken und ist daher v. a. für Tiere gut, die geritten werden oder sonstige Lasten tragen müssen. Der Blasenstrom ist ein sehr einfacher Strom. Alle Griffe sind auf derselben Körperseite und gut zu erreichen.

Der Blasenstrom

› ist ein wichtiger Strom bei Ängsten und Panik,
› wirkt ausgleichend und harmonisierend,
› ist sehr hilfreich für Pferde, die aus einer schlechter Haltung kommen,
› gibt tiefe innere Sicherheit und Gelassenheit,
› bringt Ruhe und Ausgeglichenheit,
› harmonisiert Neid und Eifersucht,
› unterstützt die Blase, kann also bei allen Blasenproblemen geströmt werden,
› hilft dem Rücken,
› harmonisiert die Muskeln (Muskelkater, -schwäche, -verspannungen, -überlastungen, -aufbau),
› unterstützt bei Herzmuskelschwäche,
› hilft bei Wassereinlagerungen im Gewebe,
› nimmt den Schmerz aus dem Körper,
› stärkt Knie und Waden,
› unterstützt die Entgiftung und Ausscheidung,
› harmonisiert Durchfall und Verstopfung,
› hilft bei rheumatischen Erkrankungen,
› hilft den Ohren
› und ist hilfreich vor und nach der Kastration.

Für die linke Körperseite:

1. SCHRITT: Legen Sie die linke Hand auf das **linke SES 12** (neben die Wirbelsäule in der Mitte des Nackens). Legen Sie die rechte Hand auf das **linke SES 23** (auf dem Rücken an der Wirbelsäule auf Höhe der letzten Rippe).

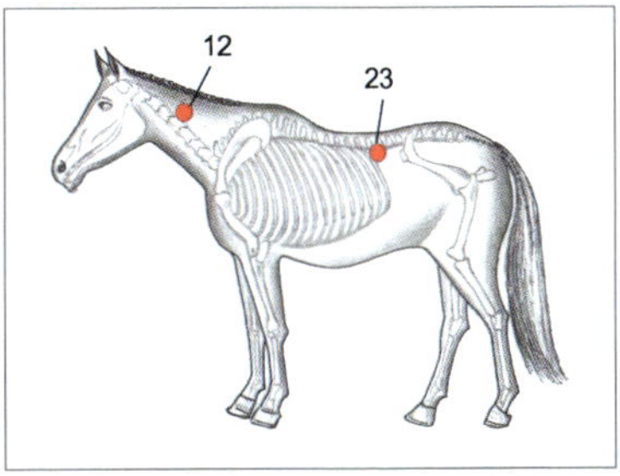

2. SCHRITT: Legen Sie die linke Hand auf das **linke SES 23** und die rechte Hand auf die **Schweifrübe.**

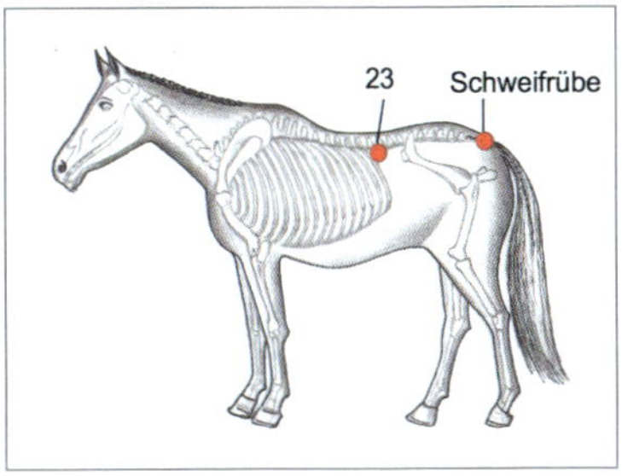

3. SCHRITT: Legen Sie die linke Hand auf die **Schweifrübe,** wo sie bis zum Ende des Stromes bleibt, und die rechte Hand in die **linke Kniekehle.**

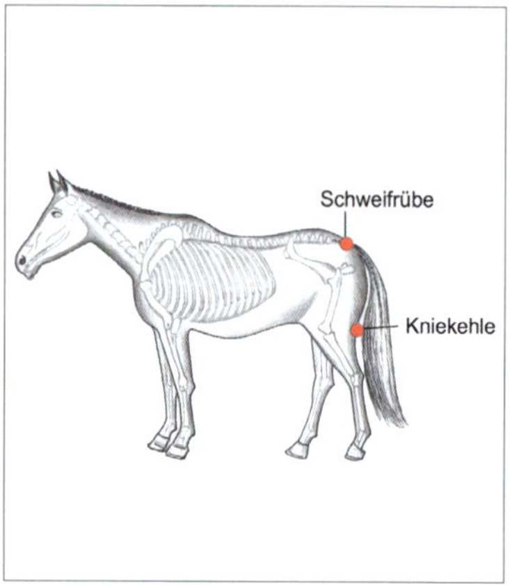

4. SCHRITT: Halten Sie mit der rechten Hand das **linke SES 16** (an der Außenseite des Sprunggelenkes).

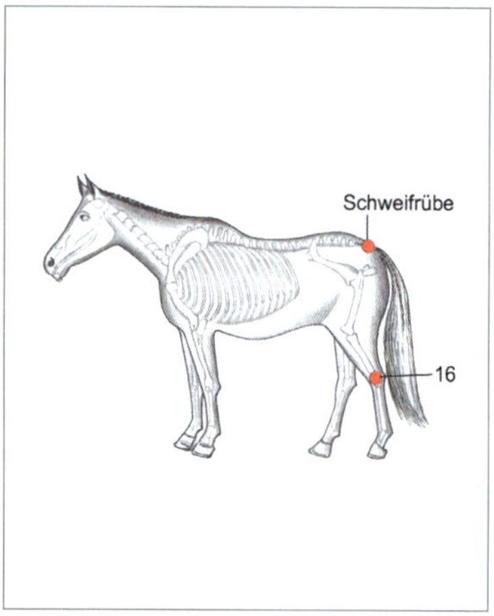

5. SCHRITT: Legen Sie nun die rechte Hand oben an den **linken Huf.**

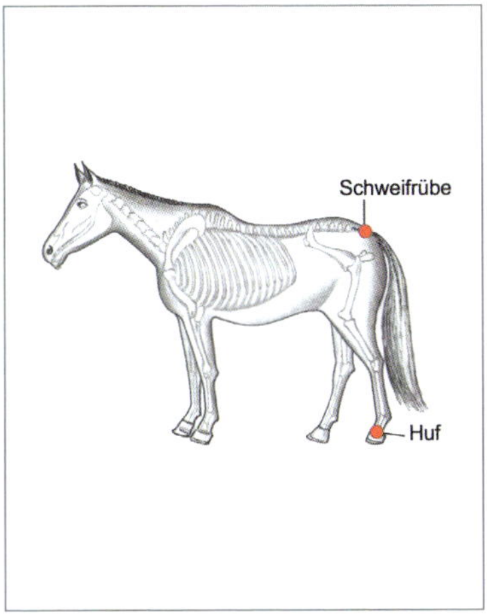

Und umgekehrt für die rechte Körperseite:
1. SCHRITT: Legen Sie die rechte Hand auf das **rechte SES 12.** Legen Sie die linke Hand auf das **rechte SES 23.**

2. SCHRITT: Legen Sie rechte Hand auf das **rechte SES 23** und die linke Hand auf die **Schweifrübe.**

3. SCHRITT: Legen Sie nun die rechte Hand auf die **Schweifrübe,** wo sie bis zum Ende des Stromes bleibt, und die linke Hand in die **rechte Kniekehle.**

4. SCHRITT: Halten Sie mit der linken Hand das **rechte SES 16.**

5. SCHRITT: Legen Sie die linke Hand oben an den **rechten Huf.**

Kurzgriffe für den Blasenstrom:
Legen Sie eine Hand auf das SES 12 und die andere Hand auf das SES 23.

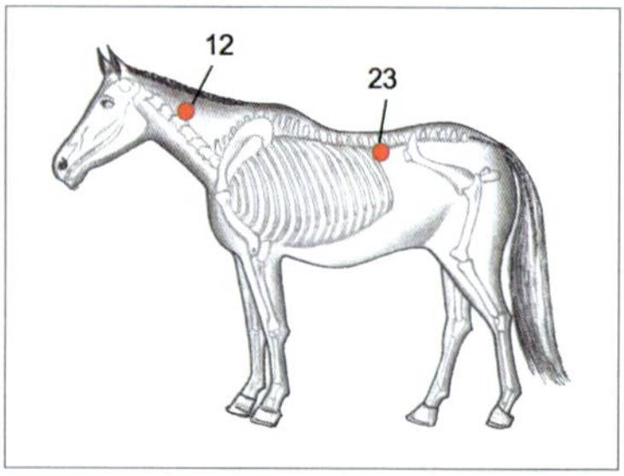

Oder legen Sie eine Hand auf das SES 23 und die andere Hand auf das SES 25.

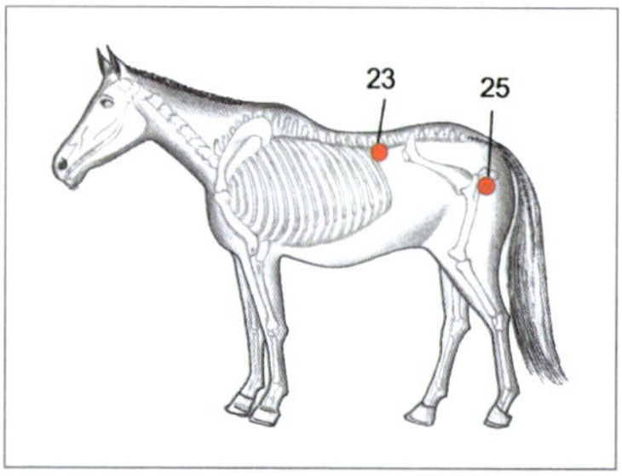

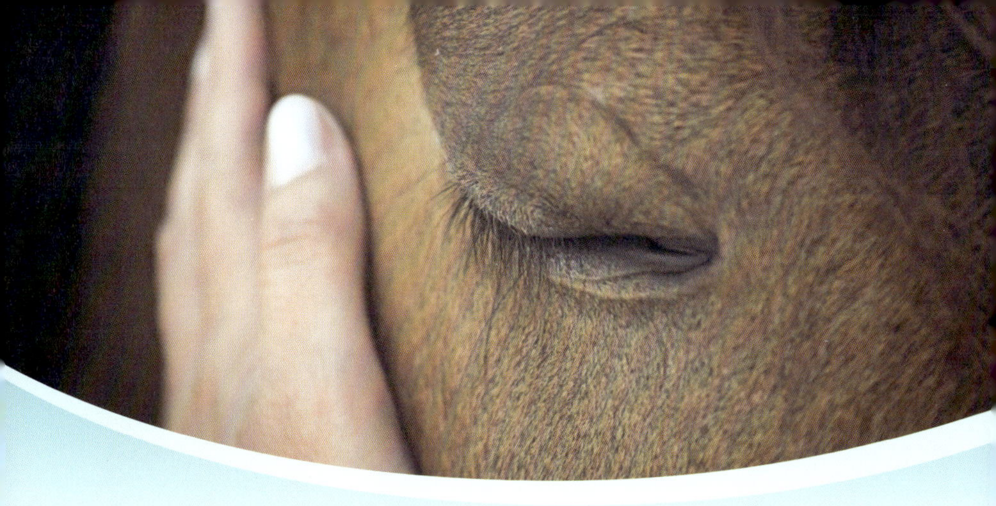

Kopf

Augen

Ein guter Griff bei allen Augenproblemen (Entzündungen, Gerstenkorn, Fehlsichtigkeit etc.) und zur grundsätzlichen Stärkung der Augen ist folgender: Legen Sie eine Hand auf die Stirn etwas oberhalb des betroffenen Auges **(SES 20)** und die andere Hand auf der anderen Körperseite in den Nacken direkt unterhalb des Schädelknochens **(SES 4).**

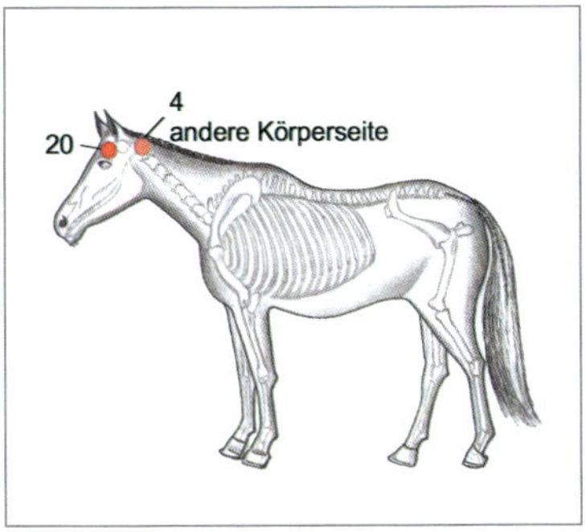

Bindchautentzündung

Ist die Schleimhaut des Auges entzündet, spricht man von einer Bindehautentzündung. Mögliche Auslöser sind gerade im Sommer oftmals Insektenstiche, aber auch Erreger wie Viren, Bakterien oder Pilze. Fremdkörper können ebenfalls die Ursache sein – v. a., wenn die Entzündung einseitig ist. Allergische Reaktionen, z. B. durch Pollen, oder Reizungen durch Zugluft, Kälte oder Rauch sind weitere mögliche Auslöser. Eine Bindehautentzündung kann auch als Begleiterscheinung einer anderen Erkrankung auftreten, z. B. Husten oder Erkältung. Lassen Sie sie auf jeden Fall tierärztlich abklären.

Sie können den Heilungsprozess unterstützen, indem Sie eine Hand in den Nacken **zwischen beide SES 4** und die andere Hand auf die Brust **zwischen beide SES 13** legen.

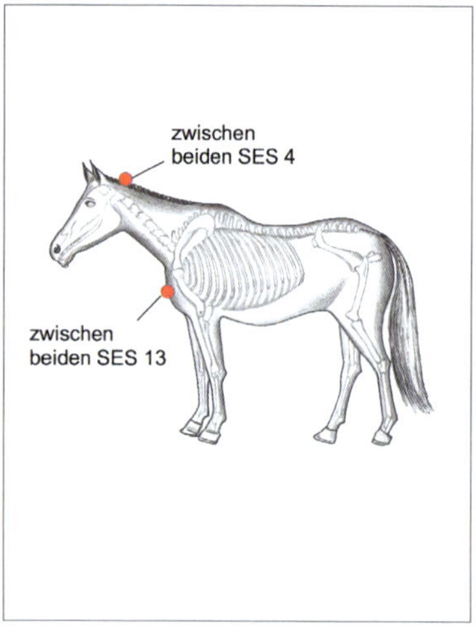

Oder machen Sie den **allgemeinen Strömgriff für die Augen** (S. 71).

Sie können auch eine Hand auf das **SES 22** auf der Seite des betroffenen Auges und die andere Hand auf das **SES 4** auf der anderen Körperseite legen.

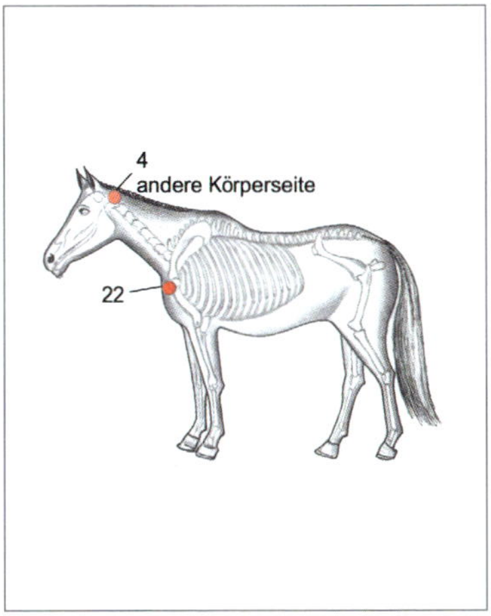

Hornhautentzündung

Machen Sie den **allgemeinen Strömgriff für die Augen** (S. 71).

Oder legen Sie eine Hand auf das **SES 20** über dem betroffenen Auge und die andere Hand auf das **SES 12** auf der anderen Körperseite.

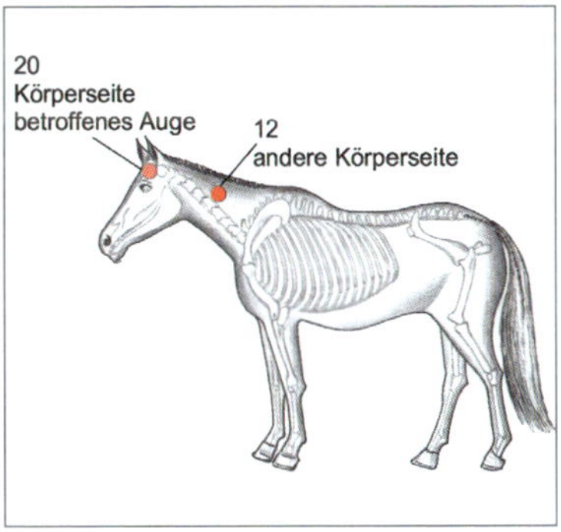

Fremdkörper im Auge

Legen Sie die linke Hand leicht auf oder etwas über das **betroffene Auge** und die rechte Hand auf die **linke Hand.**

Oder halten Sie das **SES 1** auf der betroffenen Körperseite.

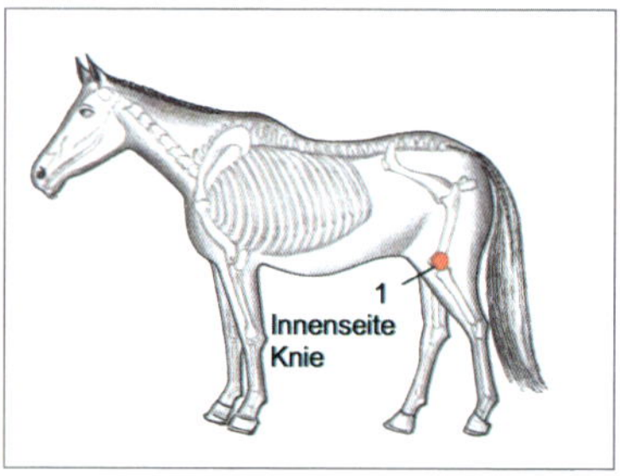

Tränenfluss

Länger andauernder einseitig oder beidseitig auftretender Tränenfluss kann, sofern am äußeren Auge keine Veränderung ersichtlich ist, auf eine Verengung des Tränen-Nasen-Kanals zurückzuführen sein. Um eine dadurch entstandene Verstopfung des Tränen-Nasen-Kanals zu lösen, legen Sie eine Hand in den Nacken **zwischen beide SES 12** und die andere Hand auf die **Schweifrübe.**

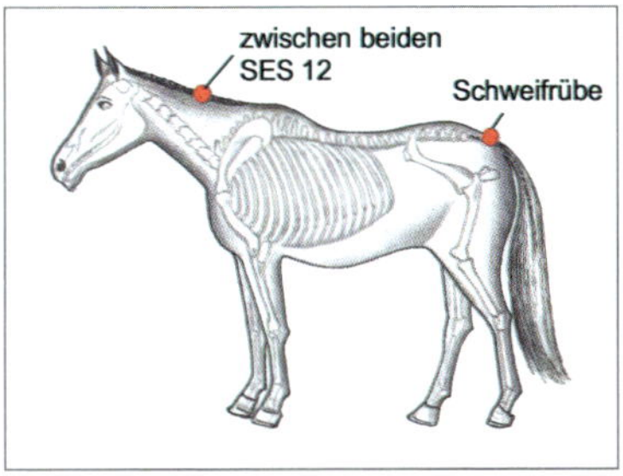

Oder machen Sie die **Kurzgriffe des Blasenstroms** (S. 70).

Verbesserung der Sehfähigkeit

Zur Verbesserung der Sehfähigkeit machen Sie den **allgemeinen Strömgriff für die Augen** (S. 71).

Oder legen Sie eine Hand auf das **SES 26** und die andere Hand auf das **SES 10.**

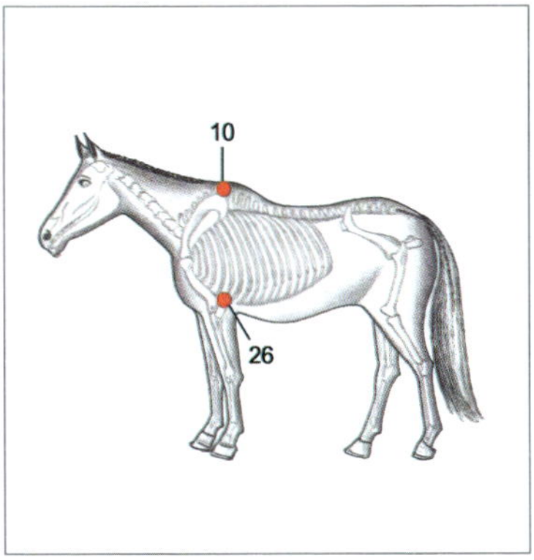

Ohren

Der **Blasenstrom** (S. 66) harmonisiert alles, was mit den Ohren und dem Gehör zu tun hat.

Gehör

Bei Beeinträchtigung des Gehörs legen Sie eine Hand in den Nacken **zwischen beide SES 12** und die andere Hand auf die Stirn **zwischen beide SES 20.**

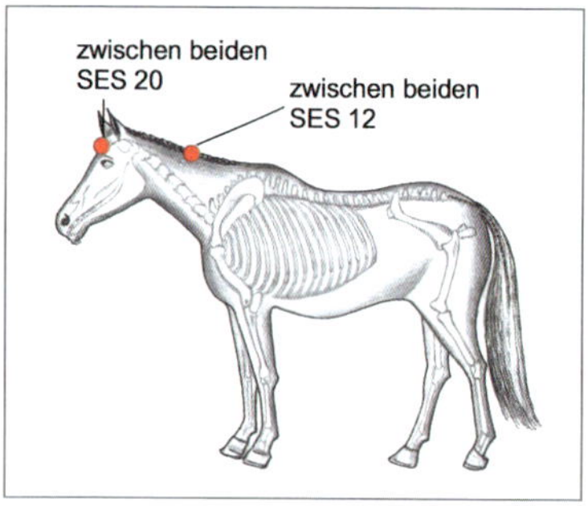

Oder halten Sie das **SES 5** auf der Seite des betroffenen Ohres.

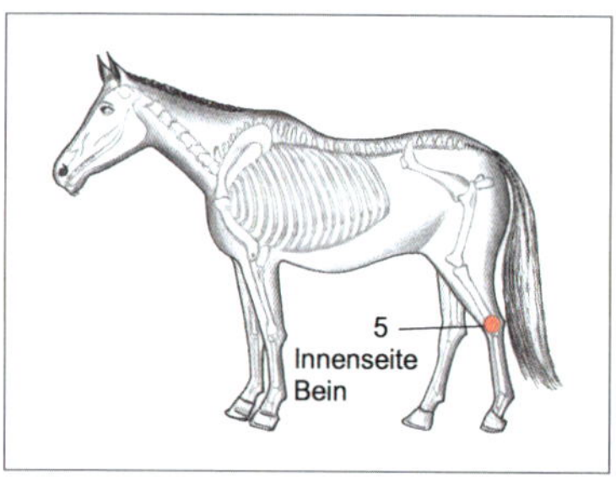

Sie können auch das **SES 5** zusammen mit dem **SES 16** auf der Körperseite des betroffenen Ohres halten (S. 77)

Ohrenentzündung

Sie können die Schmerzen bei einer Ohrenentzündung lindern, indem Sie das **SES 5** zusammen mit dem **SES 16** halten.

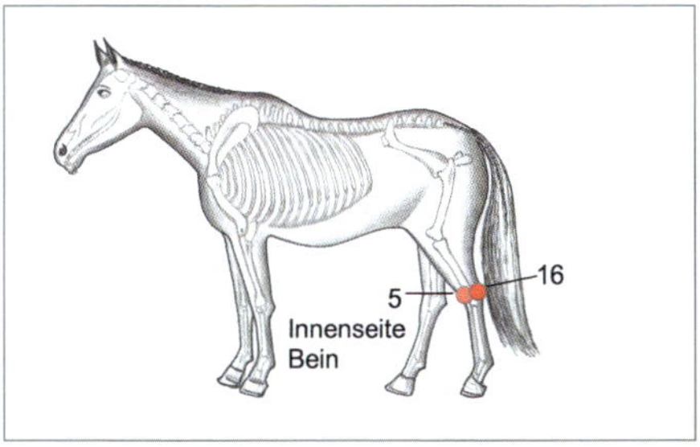

Legen Sie eine Hand auf das **SES 13** und die andere Hand auf das **SES 25** auf der Körperseite des betroffenen Ohres.

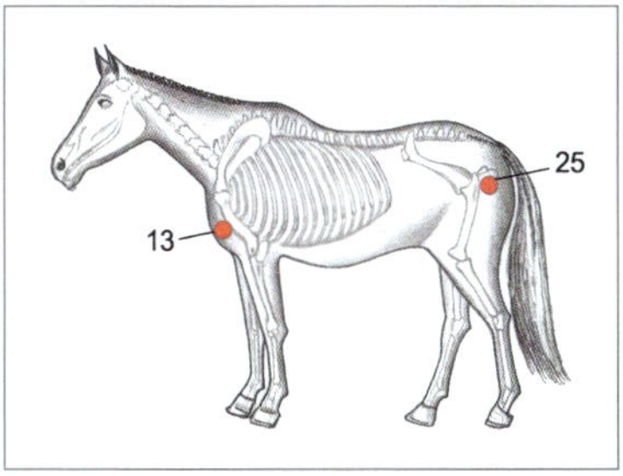

Oder legen Sie eine Hand auf das **SES 13,** die andere Hand auf das **SES 11.**

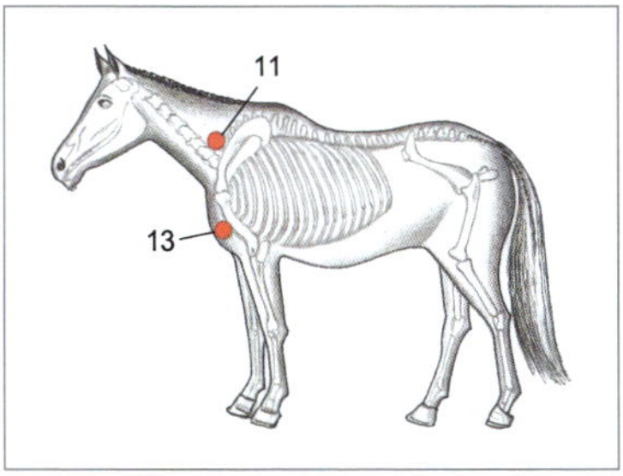

Sie können auch die linke Hand auf das **betroffene Ohr** und die rechte Hand auf die **linke Hand** legen.

Ohrmilben

Hat das Pferd immer wieder Ohrmilben, wenden Sie den Parasitengriff an: Halten Sie **ein oder beide SES 19.**

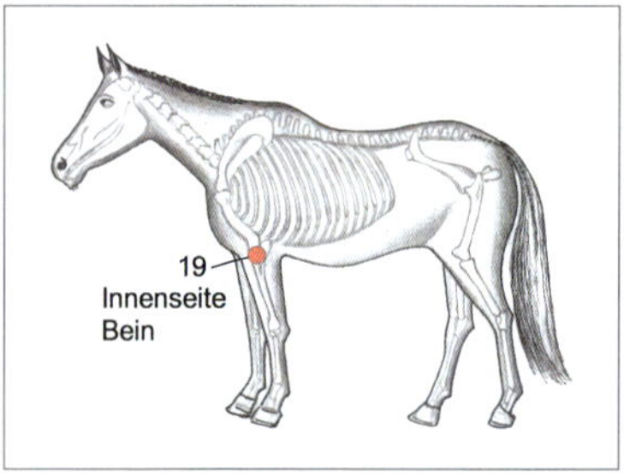

Oder legen Sie eine Hand auf das **SES 19** auf der Körperseite des betroffenen Ohres, die andere Hand auf das **SES 1** auf der anderen Körperseite.

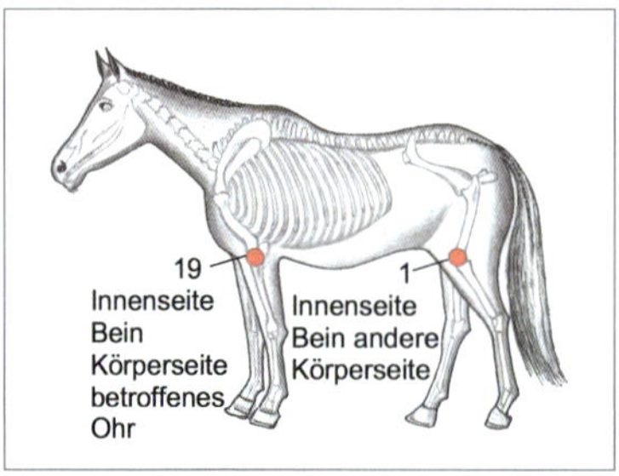

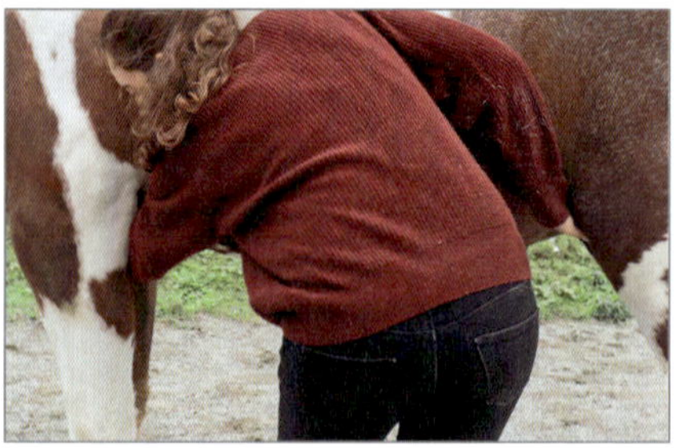

Blutohr

Als »Blutohr« wird ein Bluterguss zwischen Haut und Ohrknorpel bezeichnet, der in der Regel durch eine Quetschung verursacht wird. Um das Abklingen des Blutergusses zu unterstützen, legen Sie die rechte Hand auf die **betroffene Stelle** und die linke Hand auf die **rechte Hand.**

Mund und Zähne

Für alles, was mit dem Mund und den Zähnen zu tun hat, können Sie den **Magenstrom** (S. 60) oder die entsprechenden **Kurzgriffe** (S. 65) anwenden.

Zahnfleischprobleme

Bei entzündetem Zahnfleisch oder zur Stärkung des Zahnfleisches halten Sie mit einer Hand das **SES 5** und das **SES 16** und legen die andere Hand auf das **tiefe SES 8.**

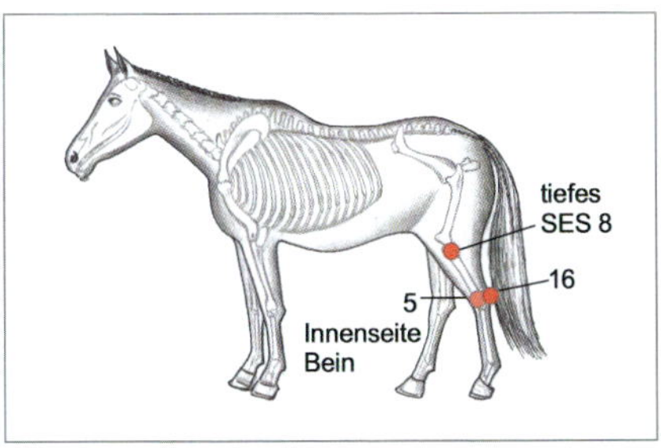

Oder machen Sie den **ersten Schritt vom Magenstrom** (S. 61).

Mundschleimhautentzündung

Oft treten Zahnfleisch- und Mundschleimhautentzündungen zusammen auf bzw. spricht man von einer Mundschleimhautentzündung, wenn sich die Zahnfleischentzündung weiter ausbreitet. Sie kann durch Verletzungen, Fremdkörper, Trensen- oder Kandareneindrücke, Bakterien, Viren oder Pilze ausgelöst werden.

Wenden Sie die unter »**Zahnfleischprobleme**« (S. 79) beschriebenen Griffe an, und strömen Sie zusätzlich den **Milzstrom** (S. 56).

Mundgeruch

Pferde haben normalerweise keinen Mundgeruch, wenn doch, liegt es meistens an einem faulen Zahn oder an Magenproblemen.

Hier eignet sich der **Magenstrom** (S. 60). Er reguliert die Verdauung und hilft bei allem, was mit dem Mund und den Zähnen zu tun hat.

Sollten sich die Beschwerden nicht bessern, lassen Sie die Ursache tierärztlich abklären.

Atemwege

Denken Sie bei allen viralen und bakteriellen Erkrankungen immer auch daran, das **SES 3** zu strömen – am besten zusammen mit dem **SES 15.**

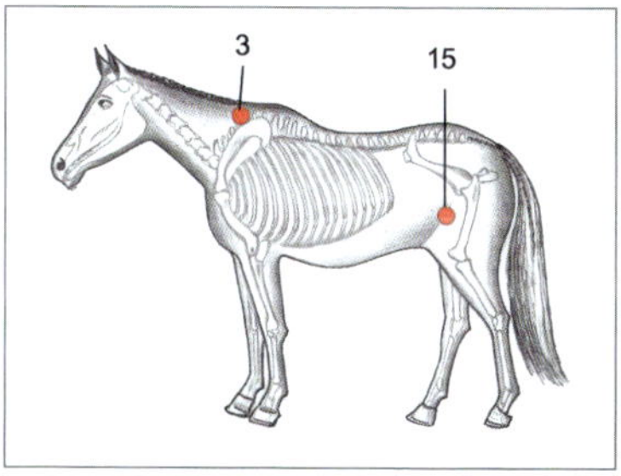

Obere Atemwege

Schnupfen

Legen Sie eine Hand auf das **SES 3,** die andere Hand auf das **SES 11.**

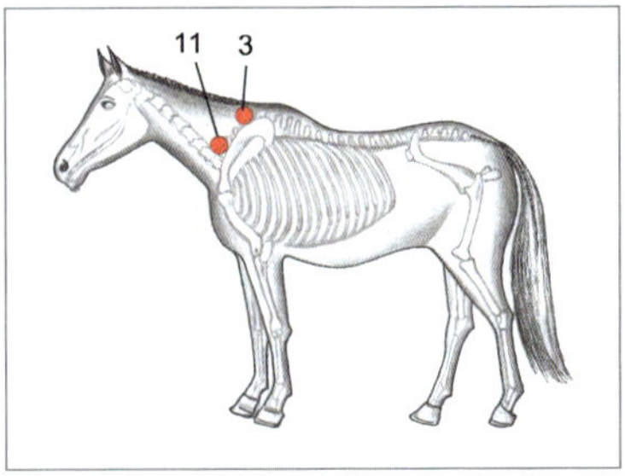

Oder halten Sie **beide SES 21.**

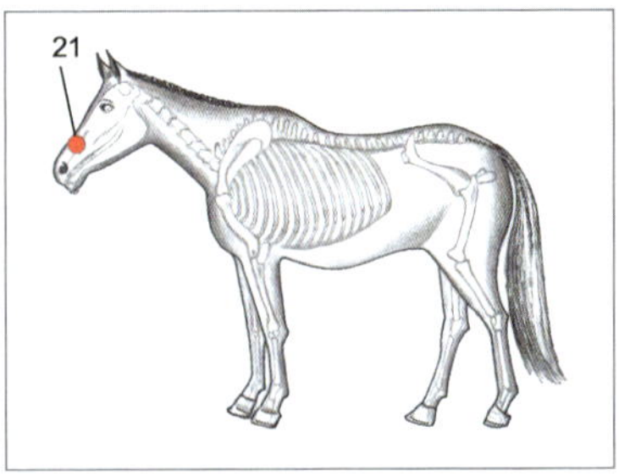

Nebenhöhlenentzündung

Halten Sie das **SES 21** und das **SES 22.**

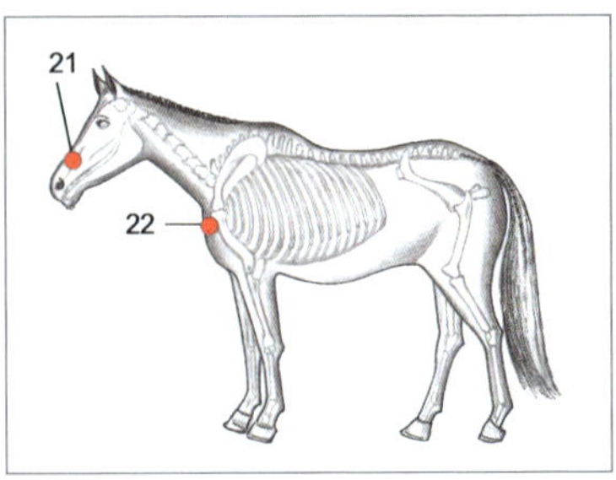

Oder legen Sie eine Hand auf das **SES 12** und die andere Hand auf das **SES 22.**

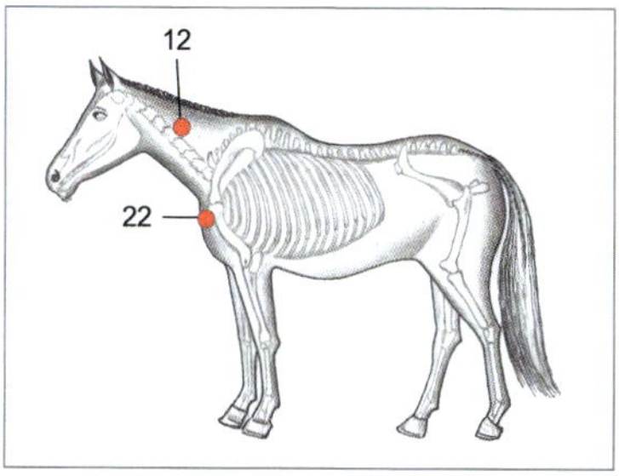

Oder legen Sie eine Hand auf die Brust **zwischen beide SES 13** und die andere Hand auf den Rücken **zwischen beide SES 10** (S. 39).

Sie können auch den **Magenstrom** (S. 60) oder die entsprechenden **Kurzgriffe** (S. 65) anwenden.

Nasenbluten

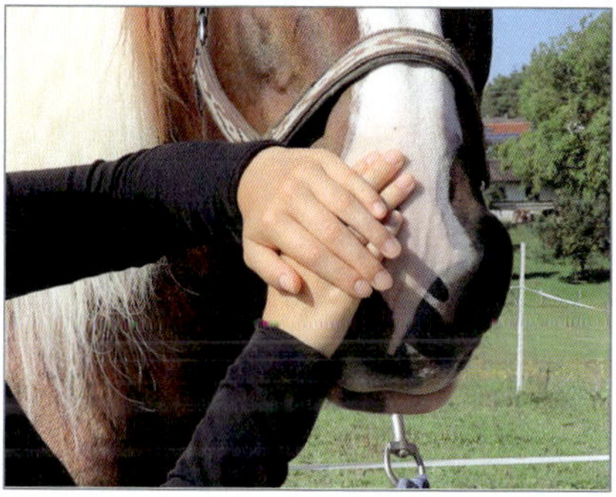

Achten Sie darauf, dass das Pferd den Kopf so tief wie möglich hält, damit kein Blut in die Lunge gelangt.
Legen Sie die rechte Hand leicht über die **blutende Nüster** und die linke Hand auf die **rechte Hand.**

Oder legen Sie eine Hand in den **Nacken** und die andere Hand auf die **Stirn.**

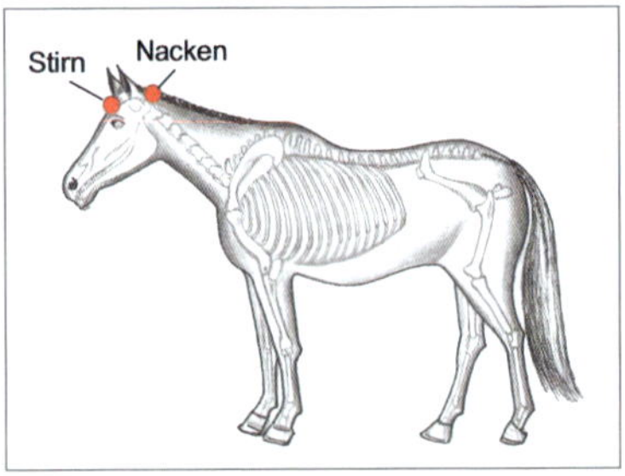

Hat das Pferd mehrmals oder besonders stark Nasenbluten, sollten Sie auf jeden Fall einen Tierarzt hinzuziehen.

Hals

Halsentzündung

Legen Sie eine Hand auf das **SES 11** und das **SES 3,** die andere Hand auf das **SES 13** auf der anderen Körperseite.

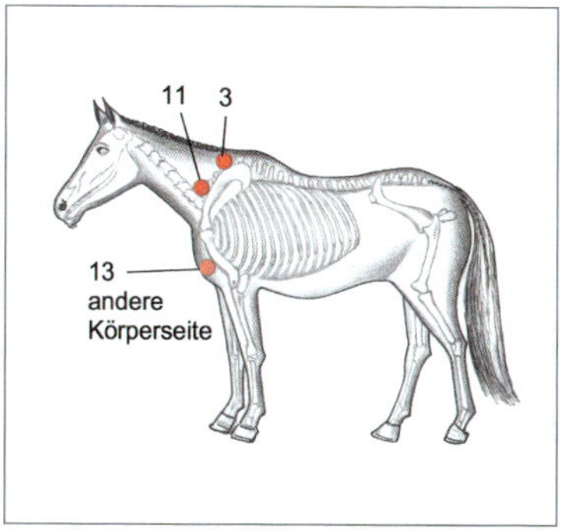

Kehlkopfkatarrh

Der Kehlkopfkatarrh ist eine Kehlkopfentzündung mit einer Schwellung des Kehldeckels. Dadurch kommt es zu anfallsweisem, trockenem, kräftigem Husten, eventuell besteht Atemnot mit schnarchenden Geräuschen, Heiserkeit oder auch Würgereiz.

Legen Sie eine Hand auf das **SES 11** und das **SES 3,** die andere Hand auf das **SES 13** auf der anderen Körperseite (siehe oben).

Oder legen Sie eine Hand auf das **SES 10,** die andere Hand auf das **SES 19.**

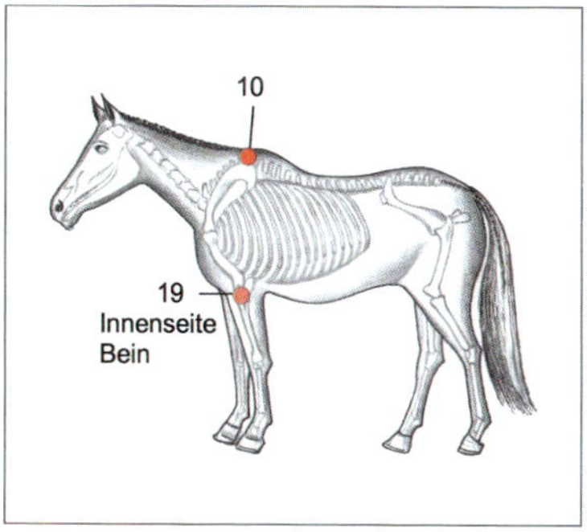

Untere Atemwege

Husten und Bronchitis

Legen Sie eine Hand auf das **SES 10,** die andere Hand auf das **SES 19** (S. 85).

Oder strömen Sie das **SES 14** zusammen mit dem **SES 22.**

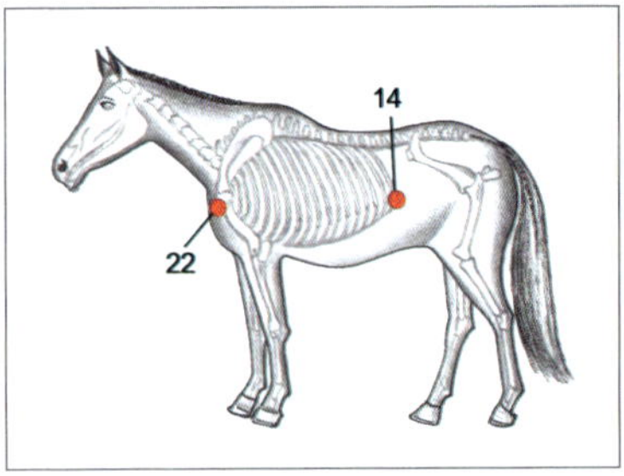

Der Griff der **Ersten Zentrierung** (S. 39) hilft ebenfalls, Husten und Bronchitis zu lindern.

Reizhusten

Um Reizhusten zu lindern, legen Sie eine Hand **auf Höhe des hohen SES 19 an die Außenseite des Vorderbeines.**

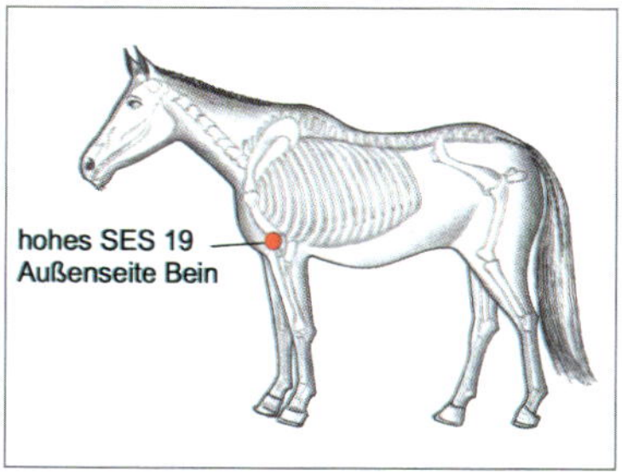

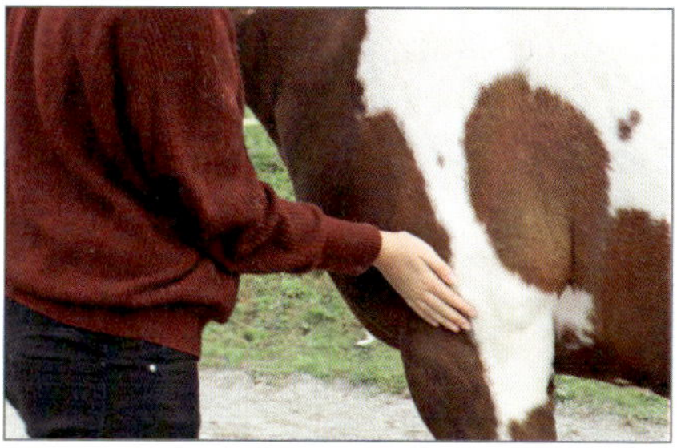

Lungenentzündung

Um die Lunge zu stärken, halten Sie das **SES 14** und das SES 22 (S. 86).

Strömen Sie zusätzlich das **SES 3** (das sogenannte Strömantibiotikum) zusammen mit dem **SES 15.**

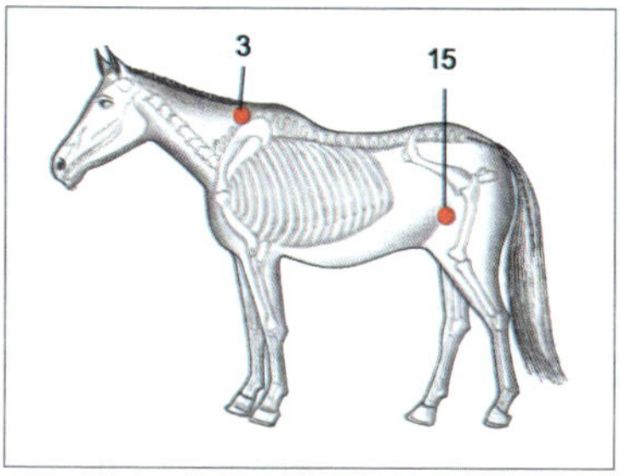

Dämpfigkeit

»Dämpfigkeit« ist ein Sammelbegriff für alle schweren chronischen Lungenerkrankungen beim Pferd, die als nicht mehr heilbar gelten. Betroffene Tiere atmen schon bei der geringsten Anstrengung schwer und unregelmäßig, oft kommt noch ein trockener Husten hinzu. Das Allgemeinbefinden ist stark beeinträchtigt, und die tierärztliche Begleitung ist unumgänglich.

Bei Dämpfigkeit ist es das Wichtigste, das **Immunsystem zu stärken** (S. 151) und für eine ausgewogene Ernährung zu sorgen.

Machen Sie zusätzlich die Strömgriffe unter »**Husten und Bronchitis**« (S. 86) und »**Lungenentzündung**« (S. 87).

Zudem können Sie das **SES 2** zusammen mit dem **SES 10** halten.

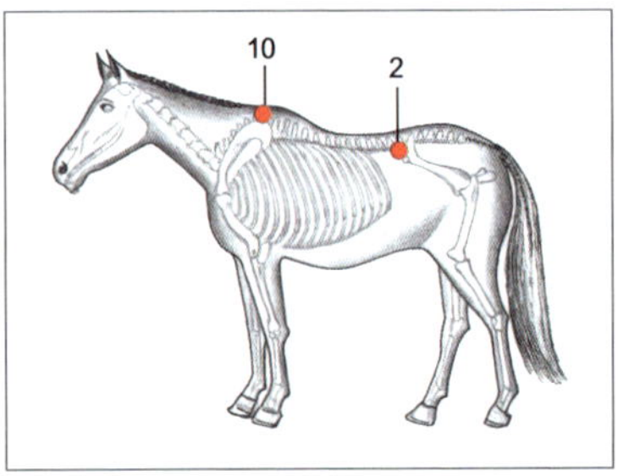

Um die Nebenwirkungen von Medikamenten zu lindern und die Ausscheidung von Giftstoffen zu unterstützen, können Sie das **SES 23** zusammen mit dem **SES 25** strömen.

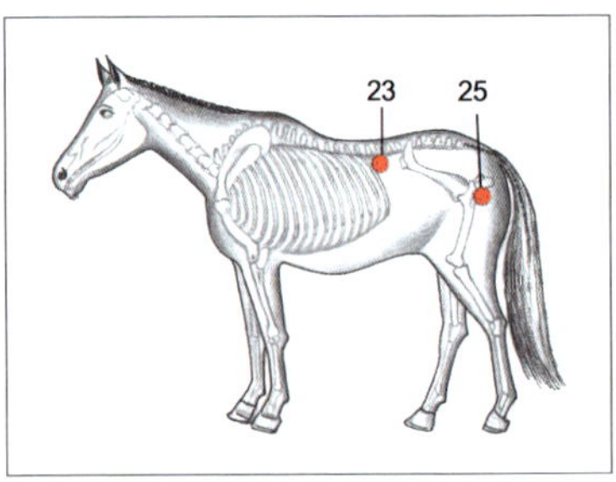

Herz-Kreislauf-System

Herzerkrankung und Herzmuskelschwäche

Leidet das Pferd unter einer Herzerkrankung oder Herzmuskelschwäche, können Sie es neben der tierärztlichen Behandlung folgendermaßen unterstützen: Halten Sie das **SES 15** und das **SES 17.**

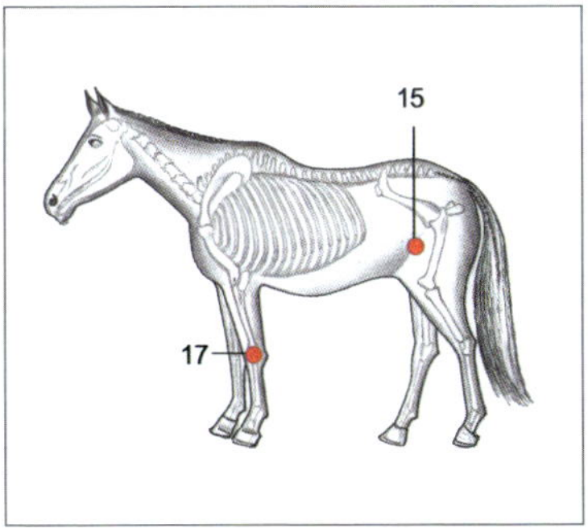

Oder strömen Sie das **SES 11** zusammen mit dem **SES 19.**

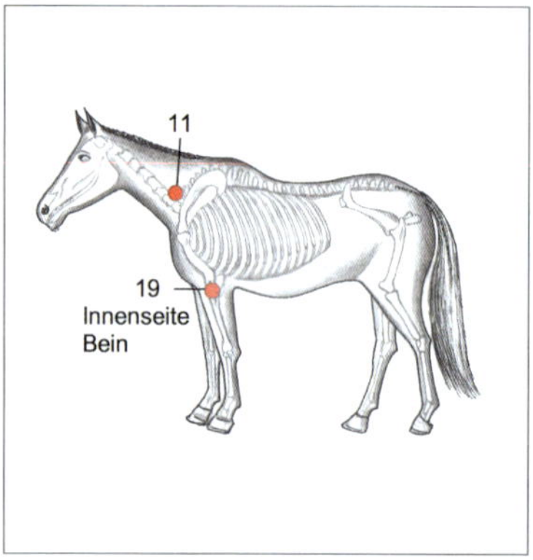

Kreislaufschwäche

Um den Kreislauf zu stärken, z. B. nach übermäßiger Anstrengung, bei Kollaps oder starkem Durchfall, halten Sie das **SES 17.**

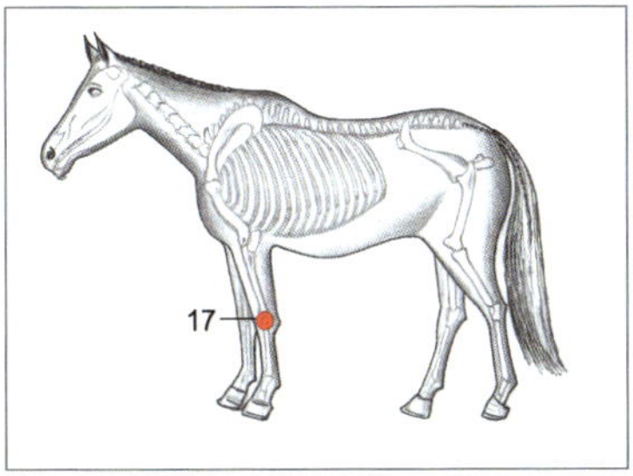

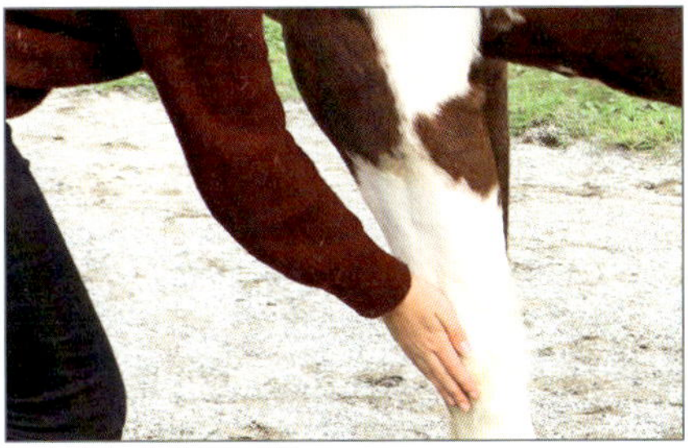

Oder legen Sie eine Hand auf das **SES 10,** die andere Hand auf das **hohe SES 19.**

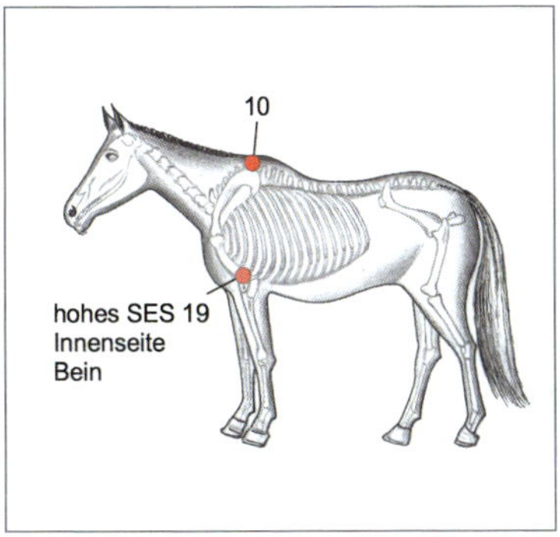

Bei wetterbedingten Kreislaufproblemen halten Sie **beide SES 22.**

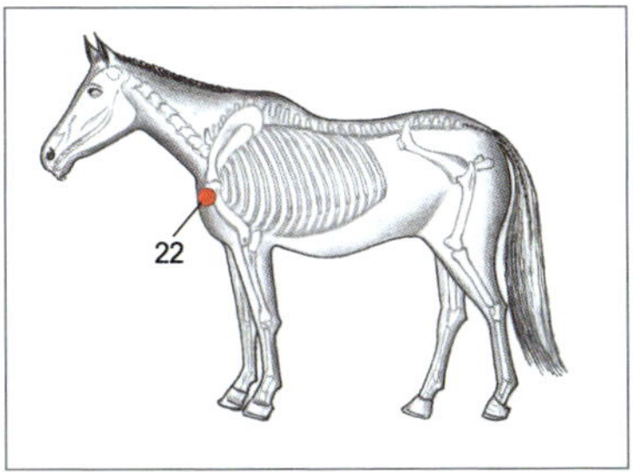

Blutdruckprobleme

Um zu hohen oder zu niedrigen Blutdruck auszugleichen, halten Sie das **SES 9 und das SES 10.**

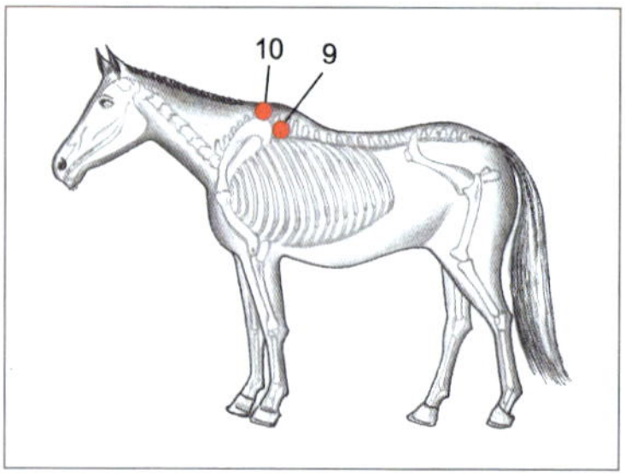

Oder halten Sie das **SES 10** zusammen mit dem **SES 2.**

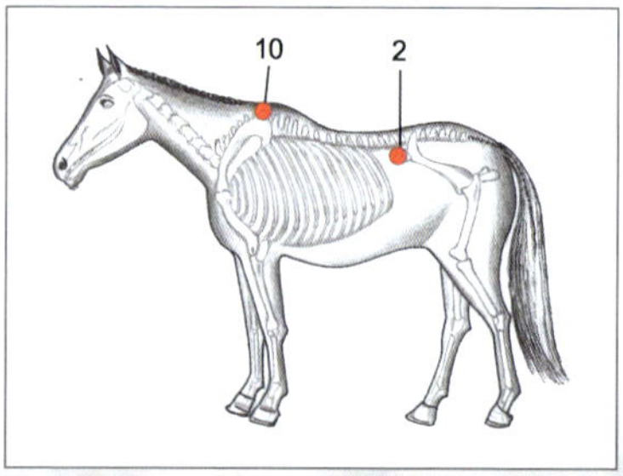

Verdauungsorgane und Stoffwechsel

Magen und Darm

Bei allen Themen, die mit dem Magen zu tun haben, denken Sie an den **Magenstrom** (S. 60).

Zwei wichtige Energieschlösser für alle Magen- und Darmprobleme sind das **SES 1** und das **SES 8,** die Sie auch gut zusammen halten können.

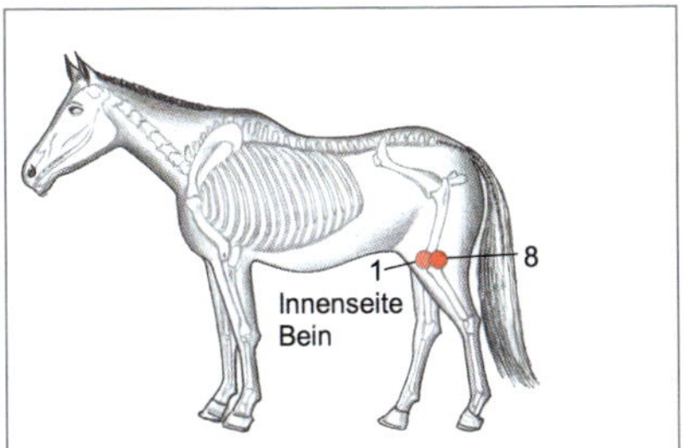

Blähungen

Halten Sie **ein oder beide SES 1.**

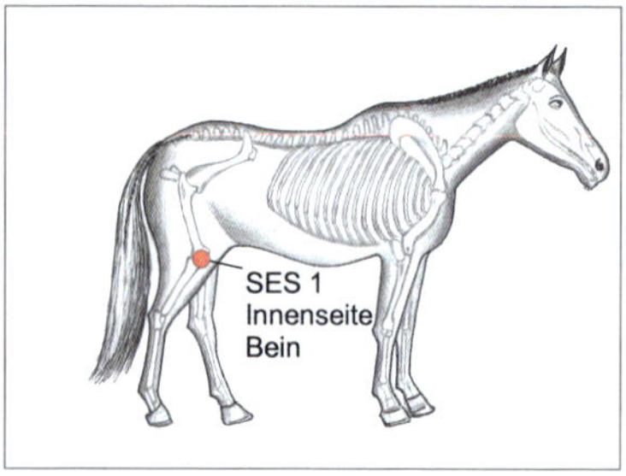

Oder legen Sie eine Hand auf das **SES 1,** die andere Hand auf das **SES 14.**

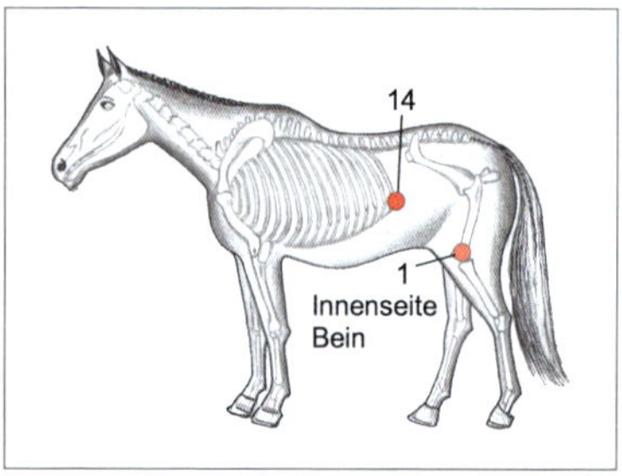

Sie können auch das **SES 17** halten.

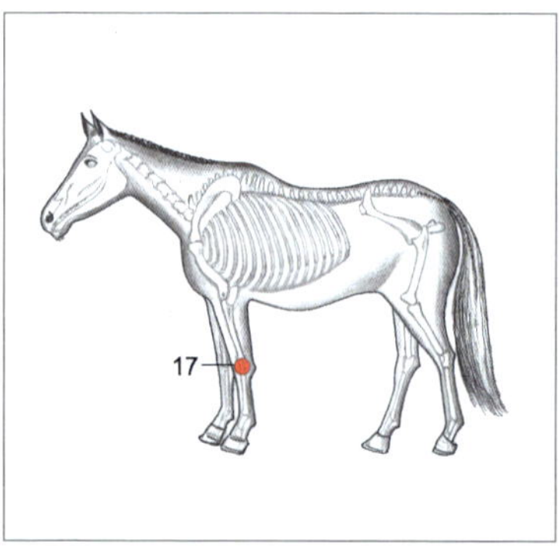

Oder halten Sie das **SES 11** zusammen mit dem **SES 18.**

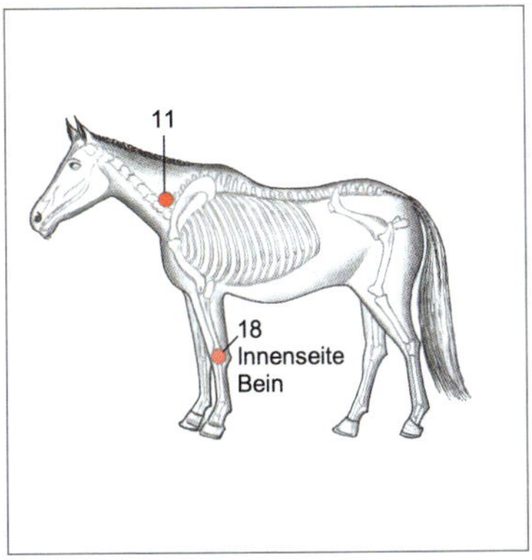

Auch das **SES 14** zusammen mit dem **hohen SES 19** kann Blähungen lösen.

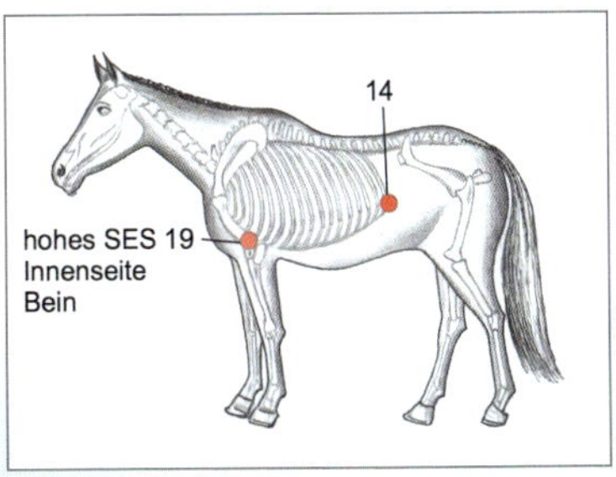

Magenschmerzen und Kolik

Um Koliken zu lösen, legen Sie die Hände auf **ein oder beide SES 1.**

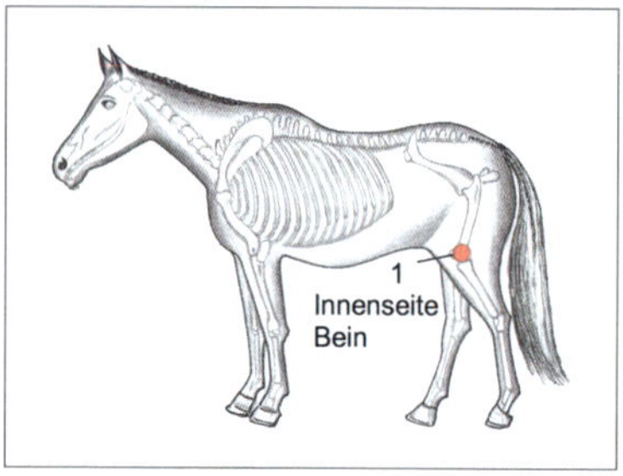

Oder halten Sie das **hohe SES 1** (ca. einen Hufbreit oberhalb von SES 1) zusammen mit dem **tiefen SES 8** (ca. einen Hufbreit unterhalb von SES 8).

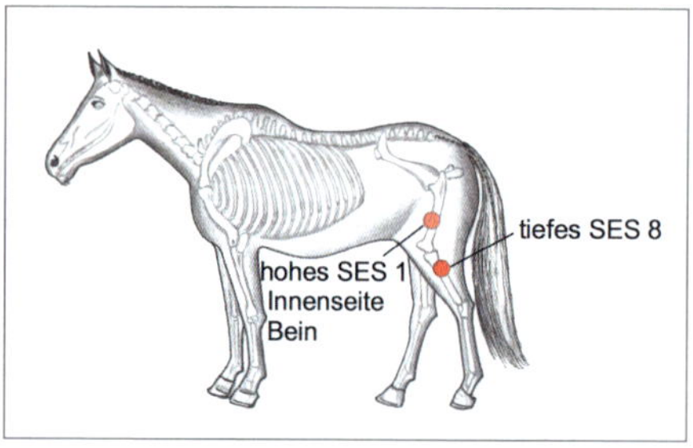

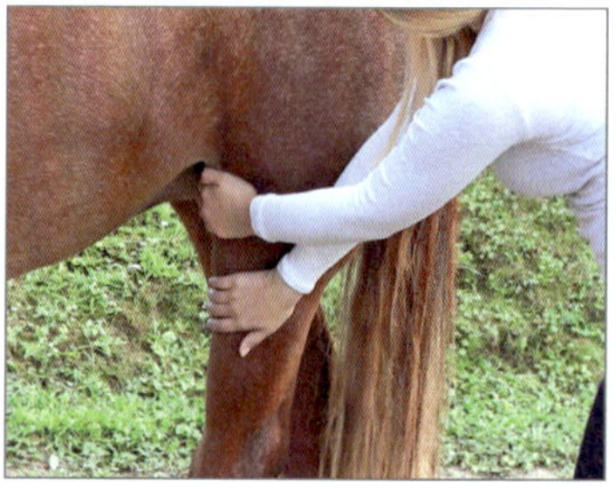

Gastritis

Gastritis ist eine Magenschleimhautentzündung und kann akut auftreten oder chronisch verlaufen. Die Schleimhaut schützt den Magen vor der für die Verdauung notwendigen Magensäure. Ist die Schleimhaut entzündet, kann die Magensäure tiefer liegende Schichten des Magens schädigen. Mögliche Auslöser der Gastritis sind z. B. Zahnprobleme, falsche Fütterung, Stress, Parasiten und Medikamente. Lassen Sie die Ursache tierärztlich abklären.

Zur Heilungsunterstützung machen Sie den **Magenstrom** (S. 60).

Halten Sie das **SES 14** und das **hohe SES 1** (ca. einen Hufbreit oberhalb von SES 1) auf der anderen Körperseite.

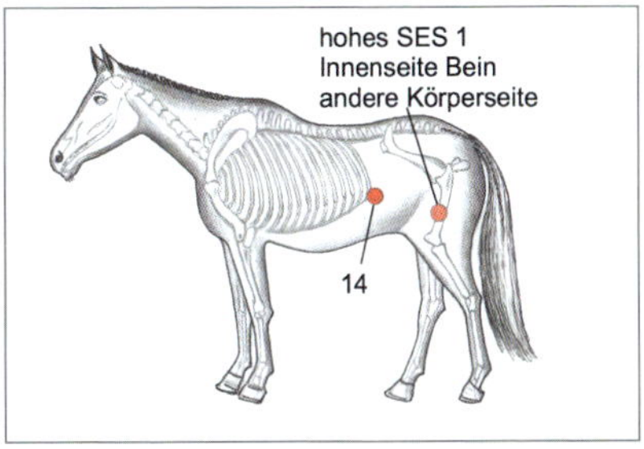

Sie können auch das **SES 12** zusammen mit dem **SES 22** halten.

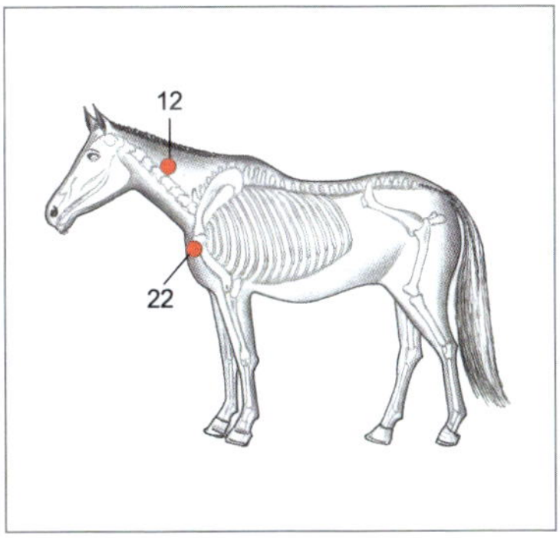

Oder halten Sie das **SES 22** zusammen mit dem **SES 14** (S. 65).

Appetit- und Fressstörungen

Der **Milzstrom** (S. 56) harmonisiert das Fressverhalten. Er reguliert Appetitlosigkeit, Nahrungsverweigerung, vermehrten Appetit, Futtergier etc.

Auch der **Magenstrom** (S. 60) bringt den Appetit und das Gewicht in Balance.

Abmagerung

Auch hier eignen sich der **Magenstrom** (S. 60) und der **Milzstrom** (S. 56).

Denken Sie daran, dass eine Erkrankung der **Schilddrüse** (S. 29, 36) oder **Darmparasiten** (S. 101) ebenfalls die Ursache der Abmagerung sein können.

Verstopfung

Ursachen von Verstopfung können Bewegungsmangel, Überanstrengung, Parasiten, Darmentzündung, Zahnfehlstellung, zu hastiges Fressen oder ungeeignetes Futter sein.

Um Verstopfungen zu lösen, halten Sie **ein oder beide SES 1** (S. 21).

Oder legen Sie eine Hand auf das **SES 1** und die andere Hand auf das **SES 3.**

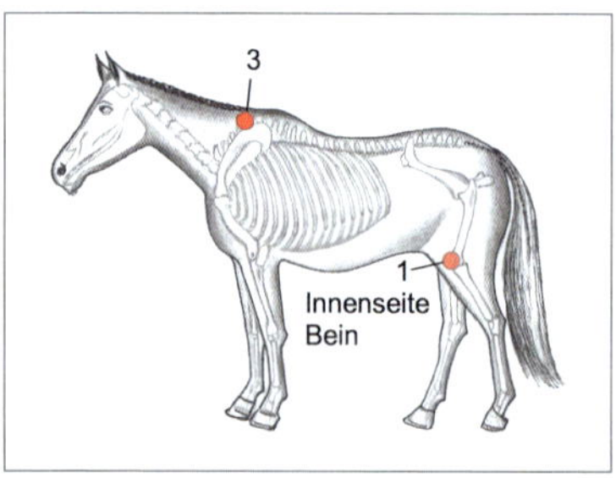

Sie können auch das **SES 8** zusammen mit dem **hohen SES 1** halten.

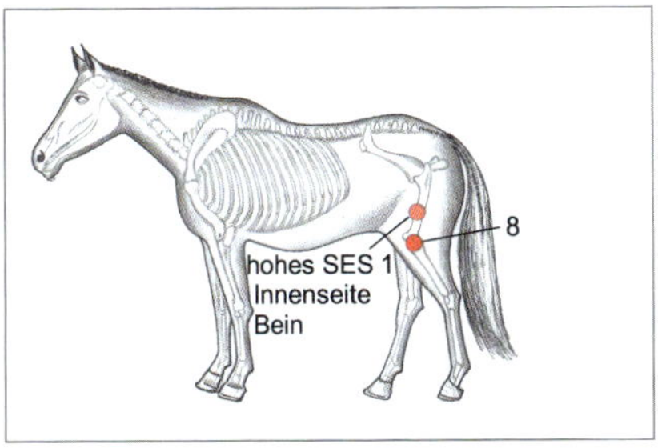

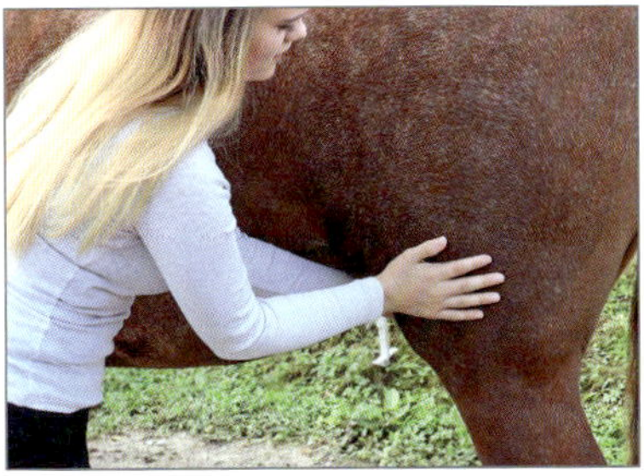

Da eine Verstopfung schnell zu einer Kolik führen kann, ziehen Sie auf jeden Fall den Tierarzt zurate.

Durchfall

Durchfall kann verschiedene Ursachen haben. Wenn er sich trotz des Strömens nicht innerhalb eines Tages verbessert und/oder das Allgemeinbefinden des Pferdes beeinträchtigt ist, lassen Sie die Ursache tierärztlich abklären.

Halten Sie **ein oder beide SES 8.**

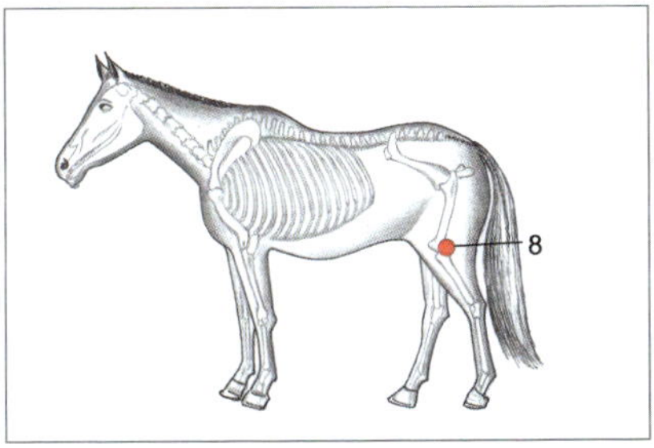

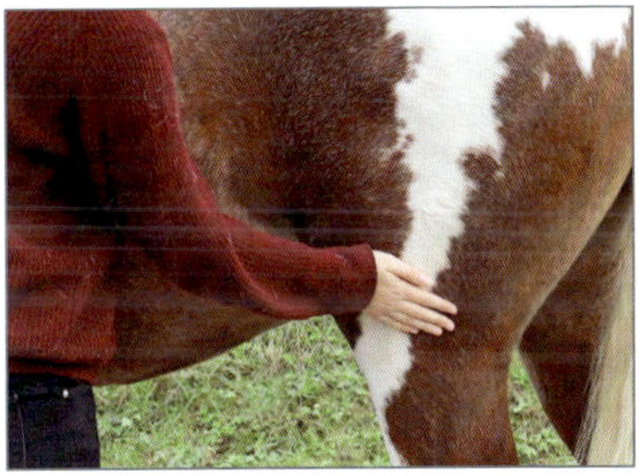

Oder legen Sie eine Hand auf das **rechte SES 8** und die andere Hand auf das **rechte hohe SES 1.**

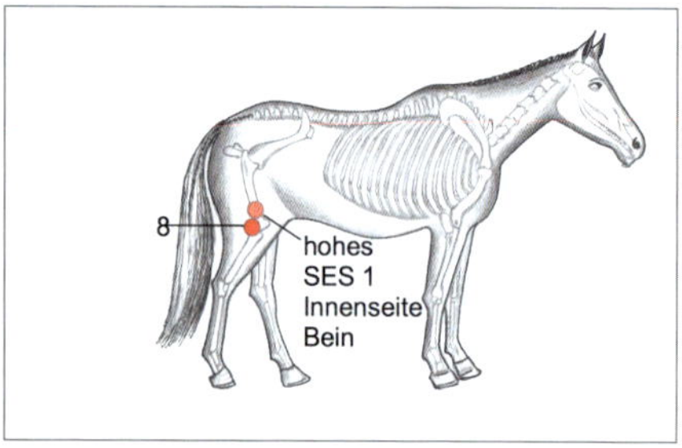

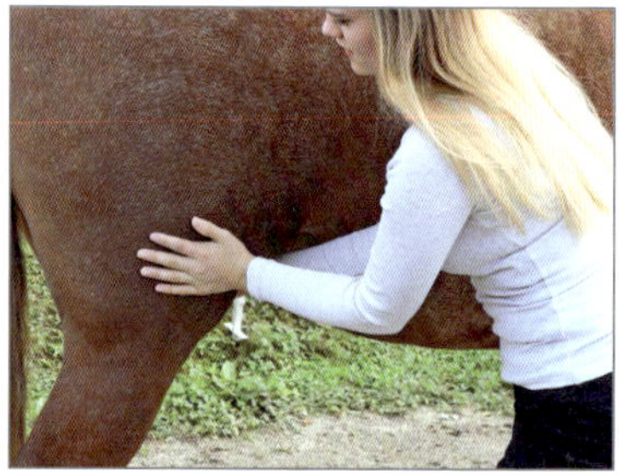

Kotwasser

Normalerweise wird freies Wasser, das sich bei jedem Pferd im Darm befindet, im Dickdarm absorbiert. Läuft dieser Prozess nicht vollständig ab, kann es zu Kotwasser kommen. Die möglichen Ursachen sind vielfältig: Stress, psychische Beeinträchtigungen, falsche Fütterung, Störung in der Darmflora, Wetterwechsel. Lassen Sie es tierärztlich abklären.

Um den Aufbau der Darmflora zu unterstützen, halten Sie das **SES 11** zusammen mit dem **SES 18** (S. 95).

Oder strömen Sie das **SES 11** zusammen mit dem **SES 17.**

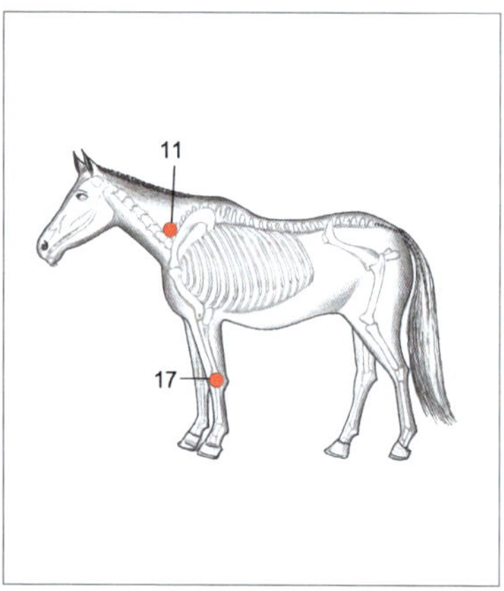

Darmparasiten

Wenn das Pferd immer wieder Probleme mit Parasiten hat, halten Sie regelmäßig **ein oder beide SES 19.**

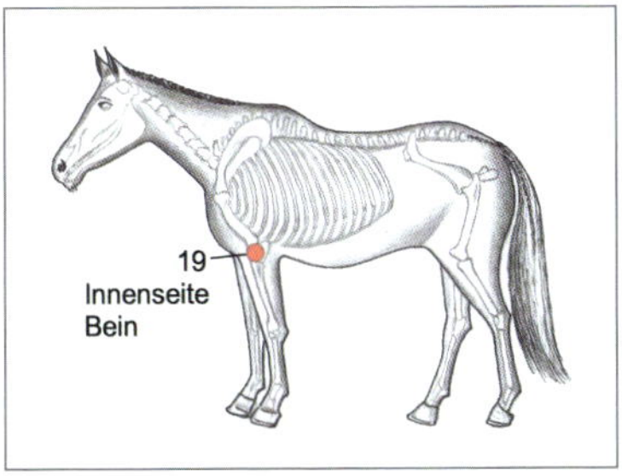

Oder strömen Sie das **SES 3** zusammen mit dem **SES 19** – erst auf der einen, dann auf der anderen Körperseite.

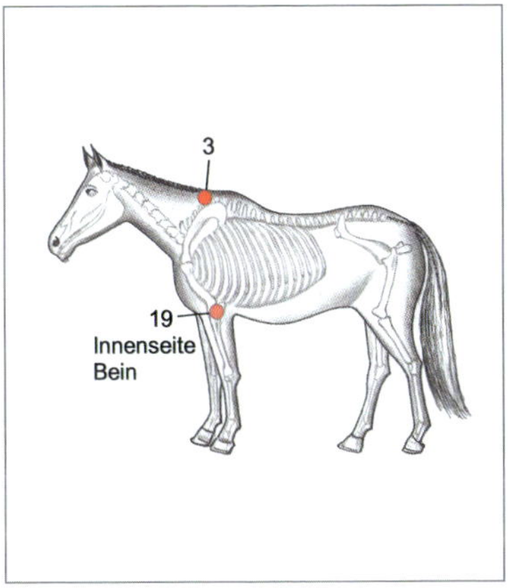

Leber

Die Leber ist das größte Entgiftungsorgan. Um sie zu stärken, legen Sie eine Hand auf das **linke SES 4,** die andere Hand auf das **rechte SES 22.**

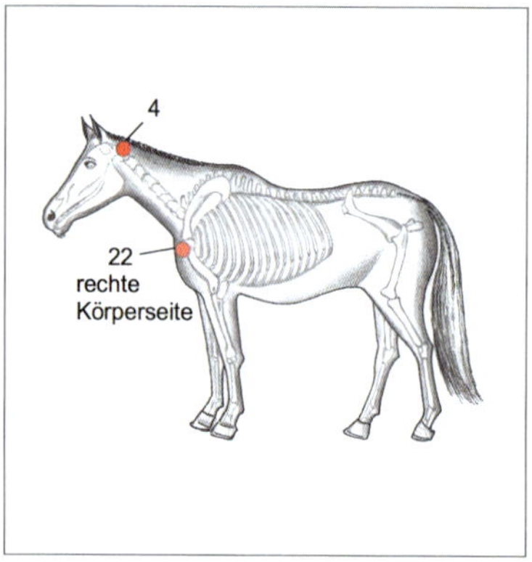

Zum Entgiften legen Sie eine Hand auf das **SES 12,** die andere Hand auf das **SES 14**.

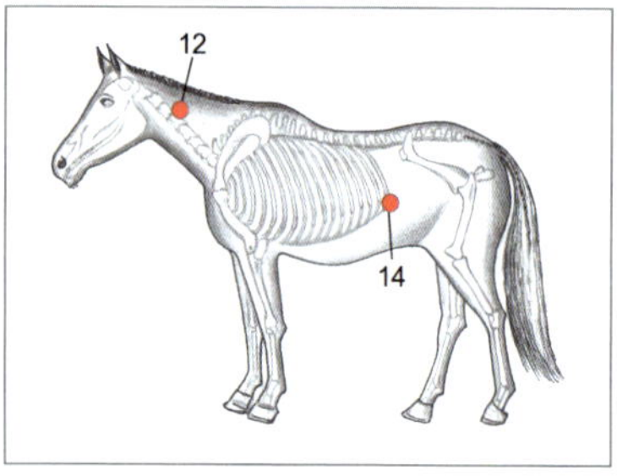

Oder strömen Sie das **SES 23** zusammen mit dem **SES 25** (S. 70).

Bauchspeicheldrüse und Milz

Um die Bauchspeicheldrüse zu stärken, halten Sie **ein oder beide SES 14.**

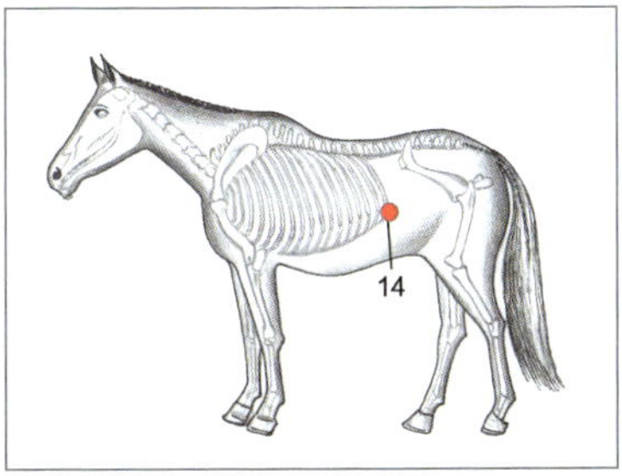

Oder legen Sie eine Hand auf das **SES 14**, die andere Hand auf das **hohe SES 1** auf der anderen Körperseite.

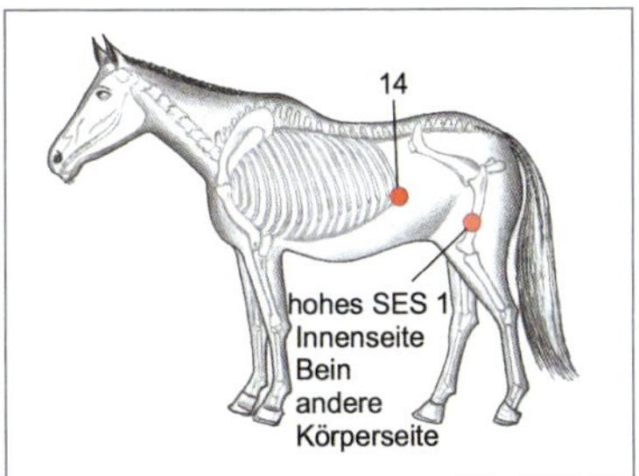

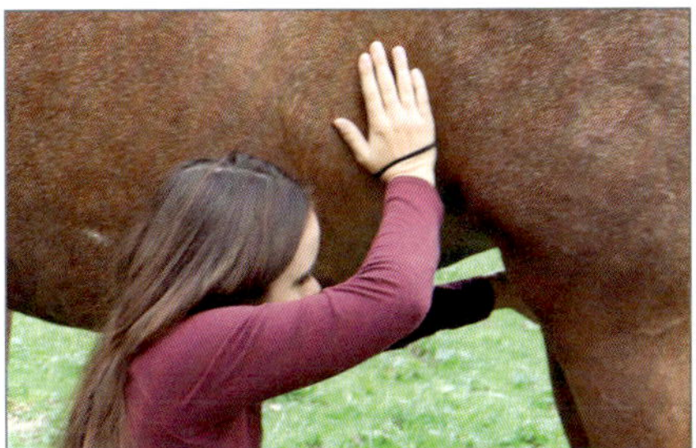

Diabetes

Auch Pferde können unter Diabetes leiden. Neben der tierärztlichen Behandlung können Sie zur Unterstützung folgende Strömgriffe anwenden:

Für die linke Körperseite:

1. SCHRITT: Legen Sie die eine Hand auf das **linke SES 23** und die andere Hand auf das **linke SES 14.**

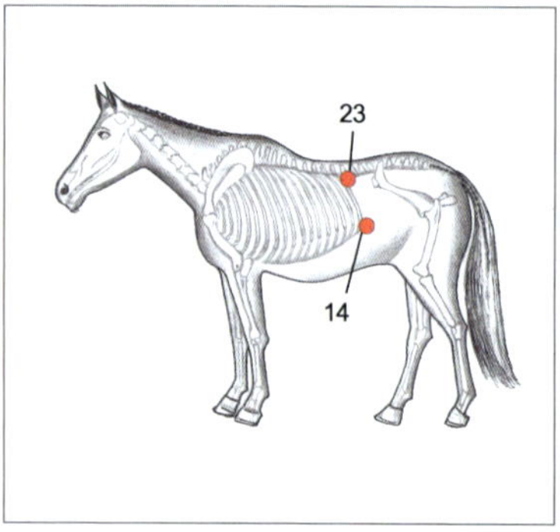

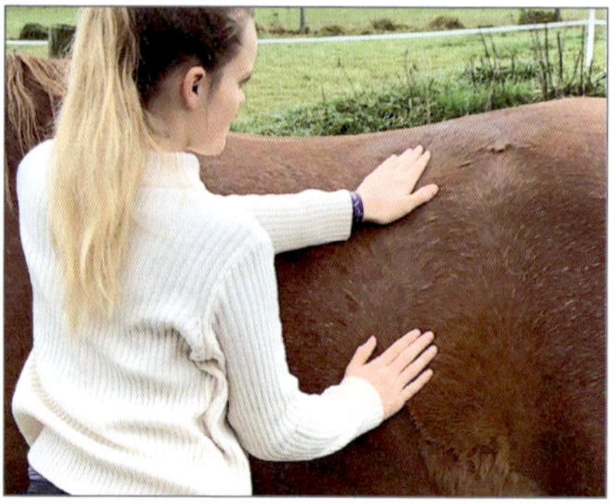

2. SCHRITT: Legen Sie eine Hand auf das **linke SES 23,** und strömen Sie mit der anderen Hand das **linke SES 21** oder, wenn das Pferd am Kopf nicht berührt werden möchte, das **linke SES 12.** Auf dem Foto wird das SES 12 geströmt.

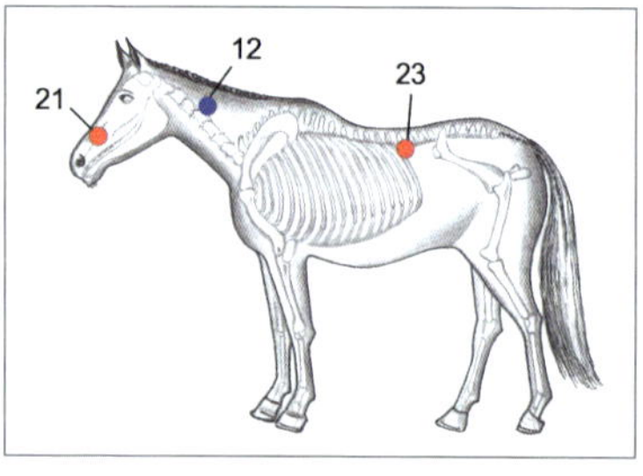

Und umgekehrt für die rechte Körperseite:
1. SCHRITT: Legen Sie eine Hand auf das **rechte SES 23** und die andere Hand auf das **rechte SES 14.**

2. SCHRITT: Legen Sie eine Hand auf das **rechte SES 23**, und strömen Sie mit der anderen Hand das **rechte SES 21** oder das **rechte SES 12.**

Stoffwechsel

Um den Stoffwechsel zu harmonisieren, halten Sie das **SES 9** und das **SES 22.**

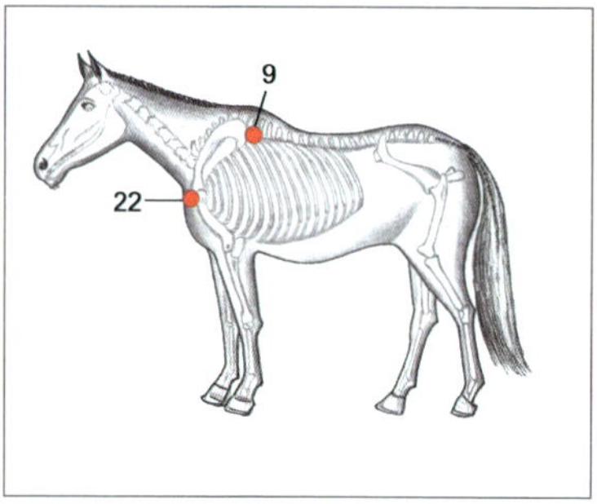

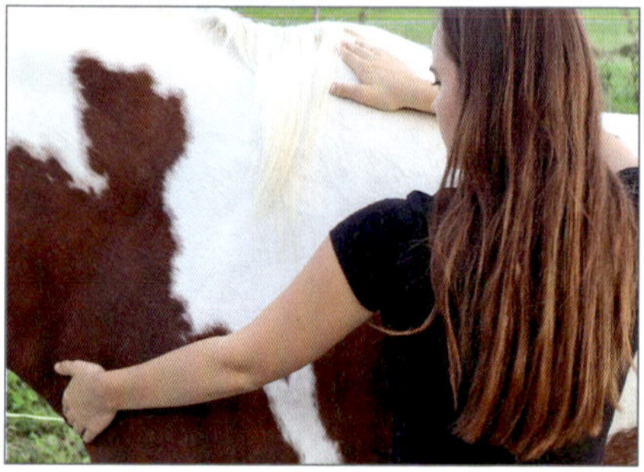

Oder strömen Sie das **SES 25** zusammen mit dem **SES 5.**

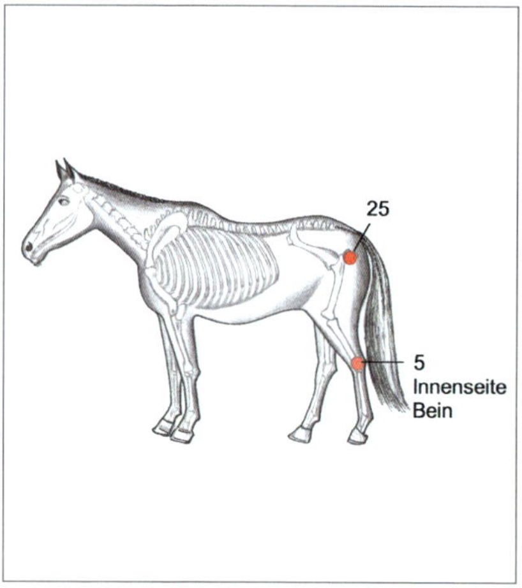

Harnsystem

Blase

Bei allen Blasenproblemen, z. B. Entzündung, Lähmung, harmonisieren Sie den **Blasenstrom** (S. 66).

Oder machen Sie folgende Griffe:
1. SCHRITT: Legen Sie eine Hand **zwischen beide SES 12** und die andere Hand **zwischen beide SES 23.**

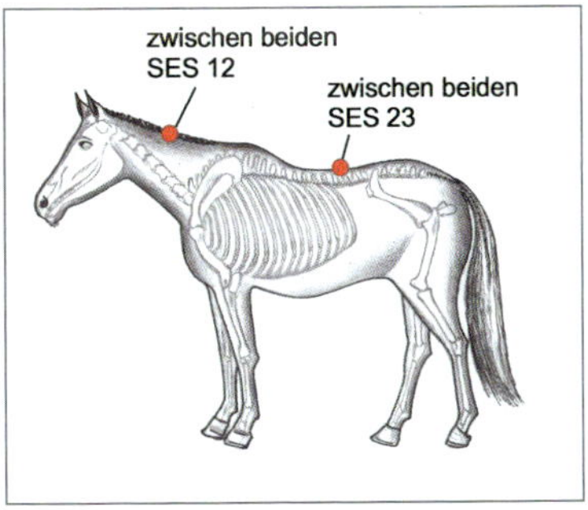

2. SCHRITT: Dann legen Sie eine Hand **zwischen beide SES 23** und die andere Hand auf die **Schweifrübe.**

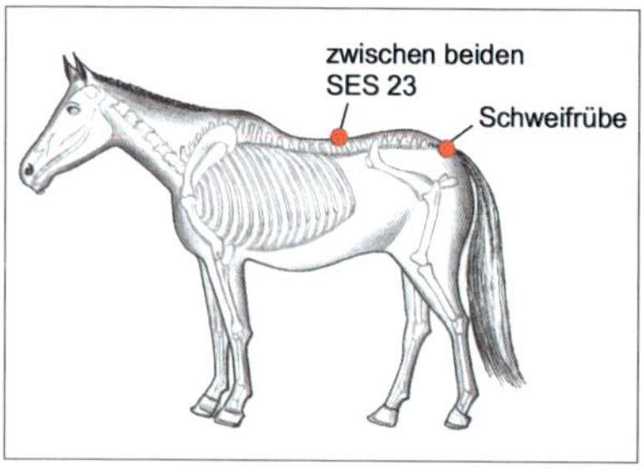

Oder strömen Sie das **SES 4** zusammen mit dem **SES 13.**

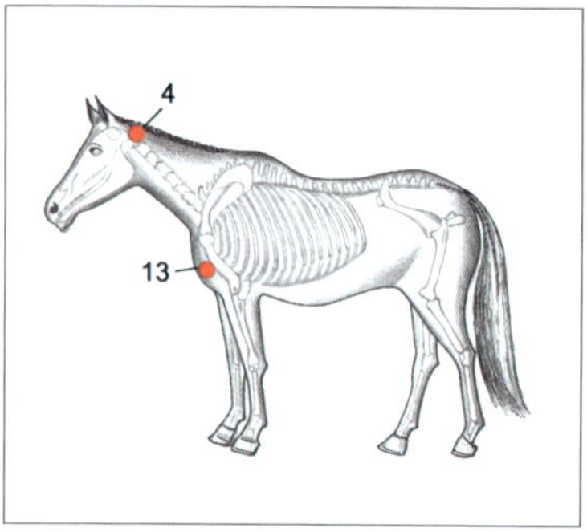

Nieren

Nierenentzündung

1. SCHRITT: Halten Sie zuerst das **SES 3** und das **SES 15.**

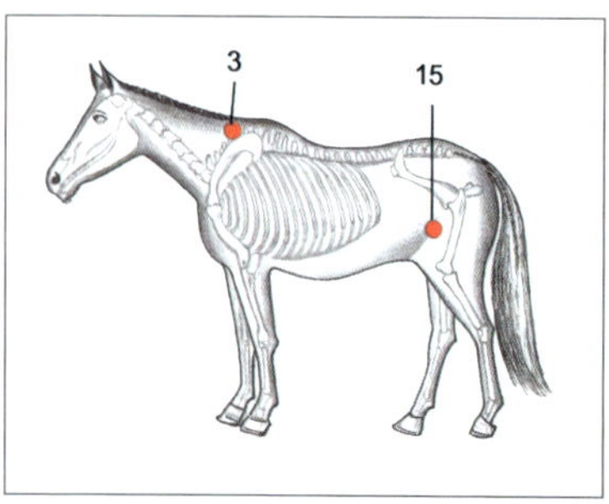

2. SCHRITT: Dann legen Sie eine Hand auf das **SES 4** und halten mit der anderen Hand das **SES 23.**

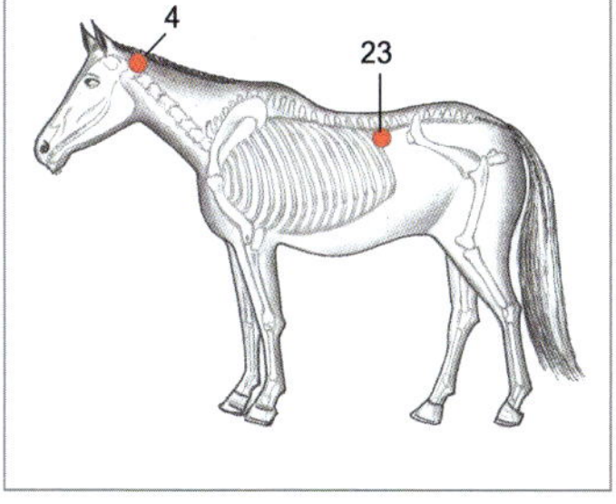

3. SCHRITT: Anschließend legen Sie eine Hand **zwischen beide SES 23** und die andere Hand auf die **Schweifrübe.**

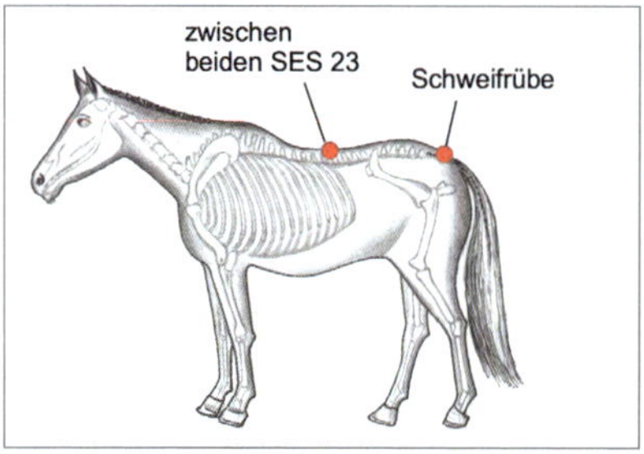

Nieren- und Blasensteine

Halten Sie mit einer Hand das **SES 5** und das **SES 16,** mit der anderen Hand das **SES 23** – erst auf der einen, dann auf der anderen Körperseite.

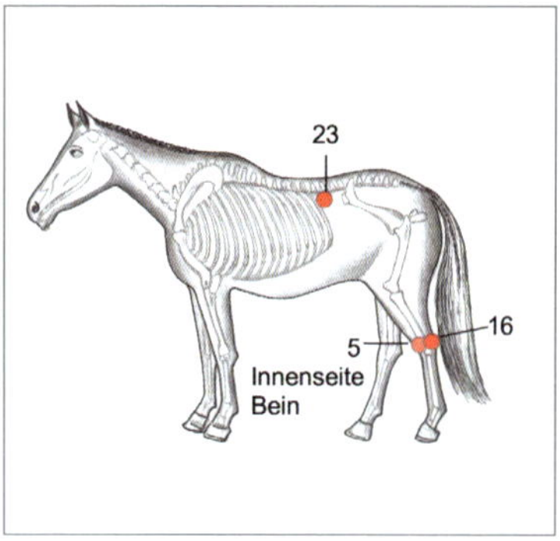

Oder strömen Sie das **SES 23** zusammen mit dem **SES 14.**

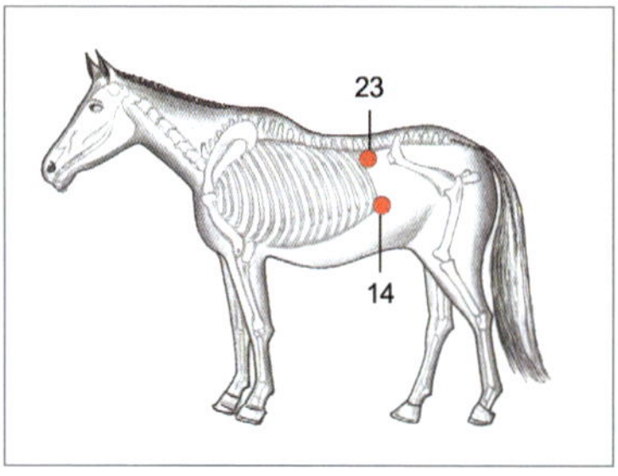

Geschlechtsorgane

Männliche Geschlechtsorgane

Hodenentzündung

1. SCHRITT: Halten Sie mit der einen Hand das **SES 5** und das **SES 16** und mit der anderen Hand das **SES 8.**

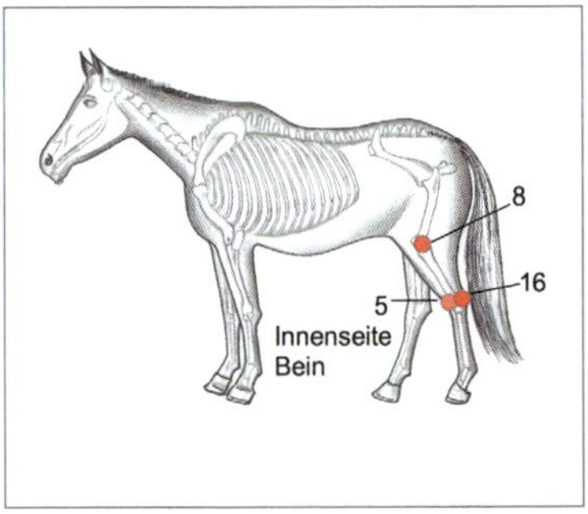

2. SCHRITT: Halten Sie danach das **SES 3** und das **SES 15** (S. 23).

Weibliche Geschlechtsorgane und Geburtshilfe

Trächtigkeit

Die **beiden SES 22** sind gerade für Stuten, die das erste Mal tragen, wichtige Energieschlösser, um sich an die neue Situation (die Trächtigkeit, die Geburt und die Zeit danach) zu gewöhnen.

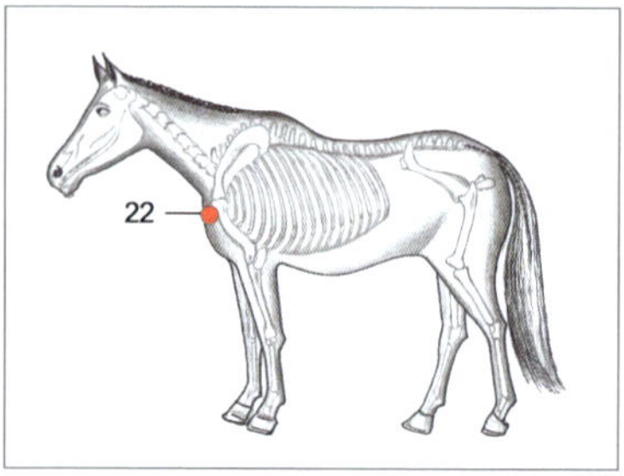

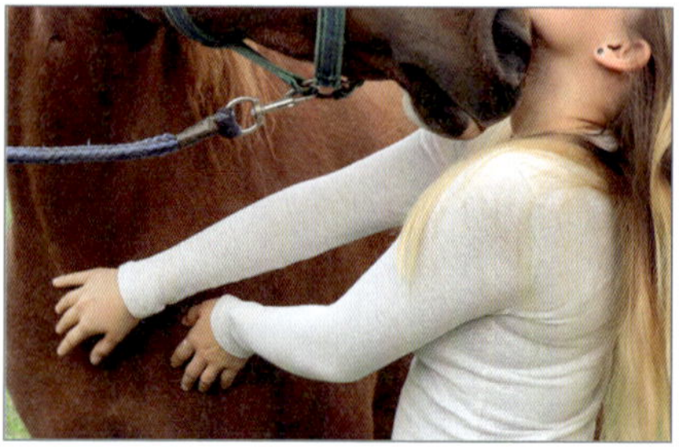

Für eine gesunde Entwicklung während der Trächtigkeit können Sie regelmäßig die **Betreuerströme** (S. 51) anwenden.

Das **SES 5** zusammen mit dem **SES 16** gehalten, versorgt den Uterus mit Energie.

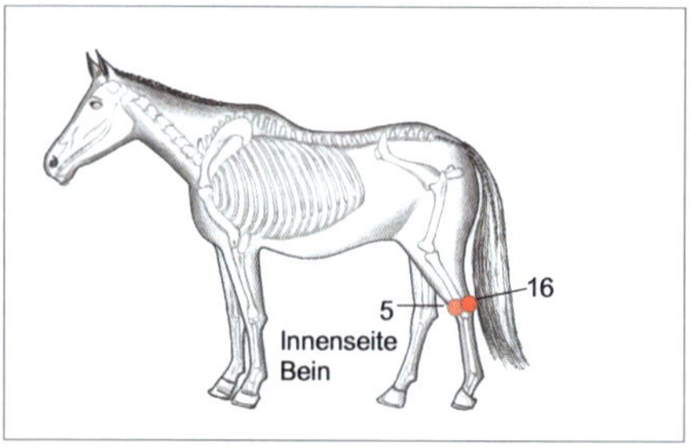

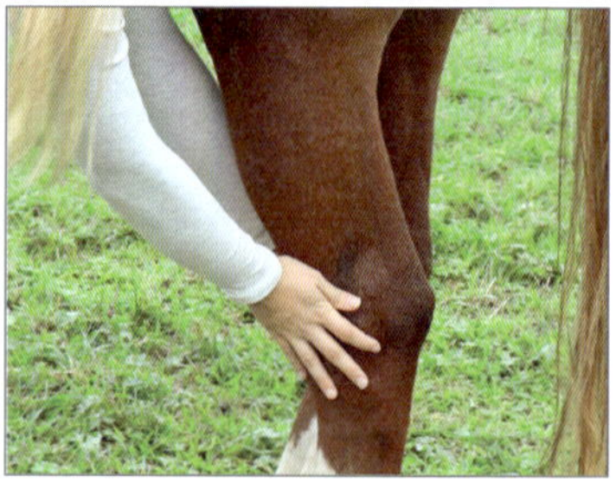

Geburtsvorbereitung

Das **SES 8** macht das Becken weich für die Geburt und öffnet den Geburtskanal. Auch das **SES 22** bereitet den Körper auf die Geburt vor. Sie können beide Energieschlösser zusammen strömen.

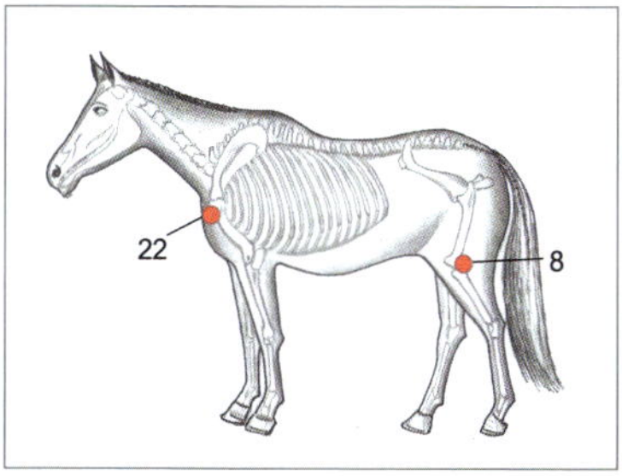

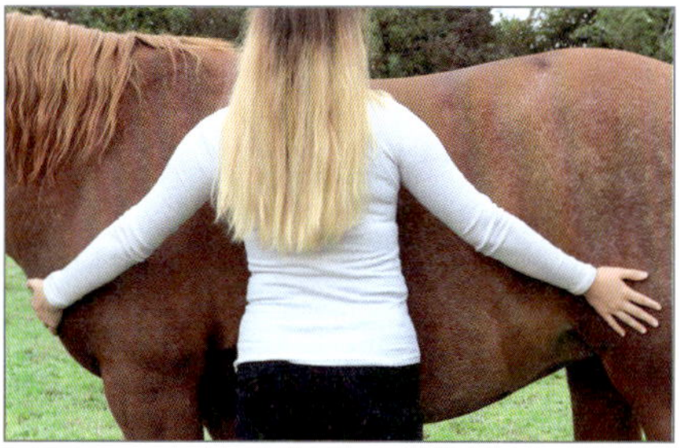

Geburtshilfe

Die meisten Stuten bewerkstelligen die Geburt ganz allein. Lassen Sie die Stute ihre Arbeit tun. Wenn sie sich an Sie wendet, sie zeigt, dass sie gern angefasst werden will, können Sie sie strömend unterstützen: Das **SES 13** zusammen mit dem **SES 4** gehalten, entspannt und fördert eine zügige Geburt.

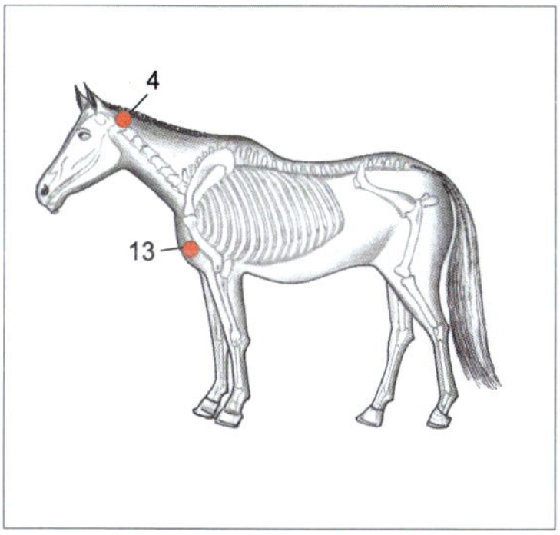

Zur allgemeinen Geburtsunterstützung und zur Unterstützung der Wehentätigkeit legen Sie eine Hand auf das **SES 8** und die andere Hand in den **Kreuzbeinbereich.**

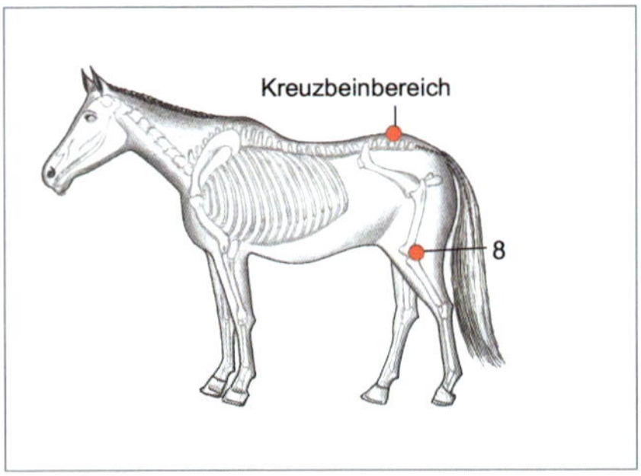

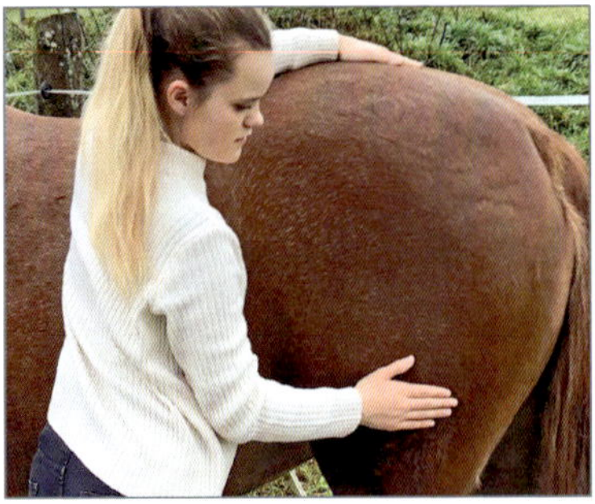

Geburtsschmerzen

Das Strömen des **SES 5** zusammen mit dem **SES 16** lindert die Schmerzen bei der Geburt.

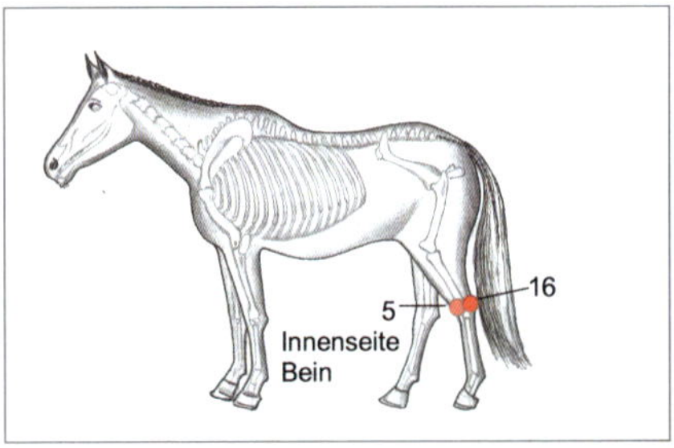

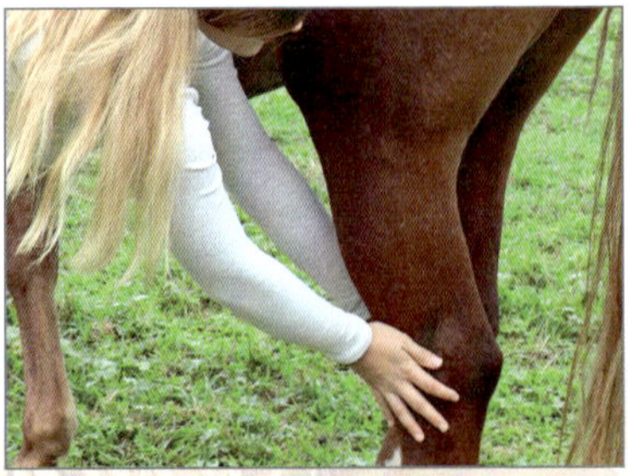

Wehenschwäche oder zu heftige Wehen

Das **SES 1** (S. 21) bringt alles in Bewegung und fördert somit den ganzen Geburtsprozess.

Wenn die Geburt stagniert oder sie zu schnell voranschreitet, halten Sie das **SES 20** und das **SES 22.**

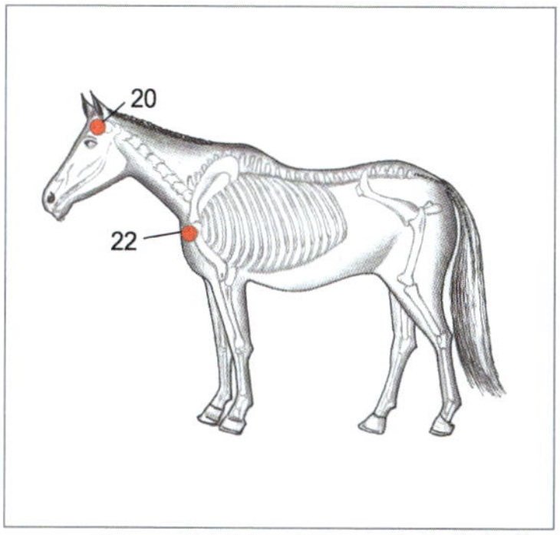

Neugeborenes: Probleme mit der Atmung

Wenn ein neugeborenes Fohlen Probleme mit der Atmung hat, halten Sie **beide SES 4.**

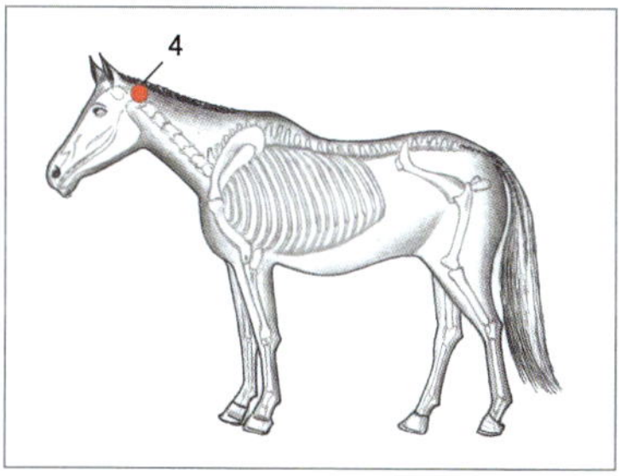

Milchmangel und Milchüberschuss

Auch der Milchfluss regelt sich meistens von selbst. Wenn dem nicht so ist, können Sie die Pferdemutter unterstützen, indem Sie den **Milzstrom** (S. 56) anwenden.

Oder legen Sie eine Hand auf das **SES 22,** die andere Hand auf das **SES 14.**

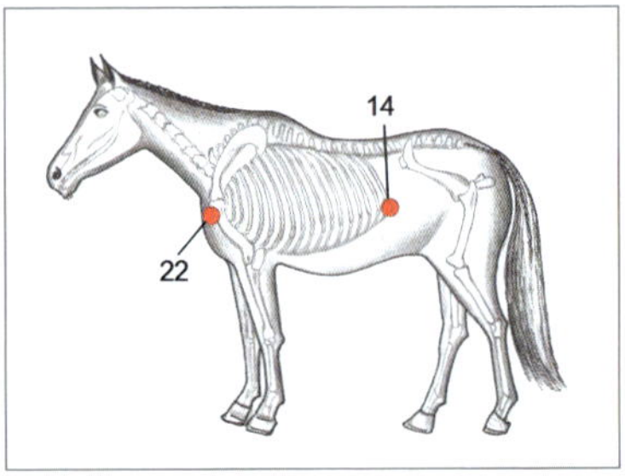

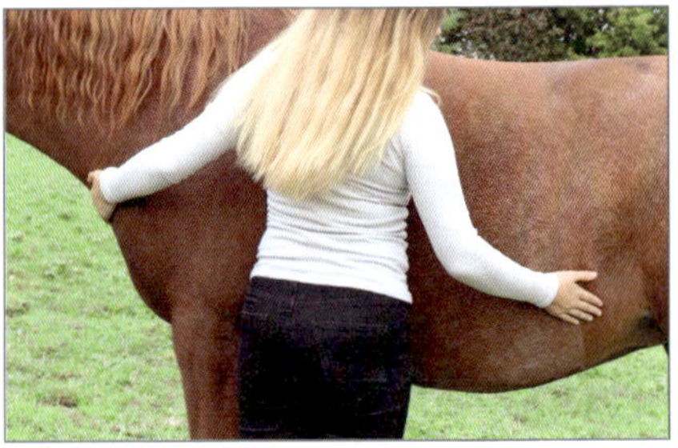

Entzündung des Gesäuges

1. SCHRITT: Legen Sie zuerst eine Hand auf das **SES 3** und die andere Hand auf das **SES 15** (S. 23).

2. SCHRITT: Dann strömen Sie das **hohe SES 19** auf der einen und das **hohe SES 1** auf der anderen Körperseite.

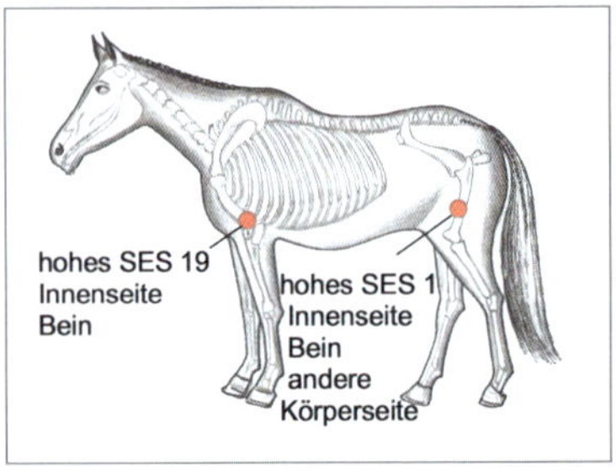

Haut und Fell

Der **Magenstrom** (S. 60) ist der Haut- und Haarspezialist. Wenn das Pferd Haut- oder Fellprobleme hat, empfiehlt es sich, diesen Strom regelmäßig anzuwenden. Achten Sie auch auf eine gesunde und ausgewogene Ernährung.

Auch das **SES 8** zusammen mit dem **SES 1** gehalten, unterstützt und harmonisiert die Haut und das Fell (S. 65).

Haarausfall

Haarausfall kann auf chronische Organerkrankungen, Parasiten, Pilze, Stoffwechselstörungen, Stress und Druckstellen zurückzuführen sein. Lassen Sie die Ursache auf jeden Fall tierärztlich abklären.

Wenden Sie den **Magenstrom** (S. 60) an.

Auch das Strömen des **SES 14** zusammen mit dem **SES 22** auf der anderen Körperseite kann hierbei unterstützen.

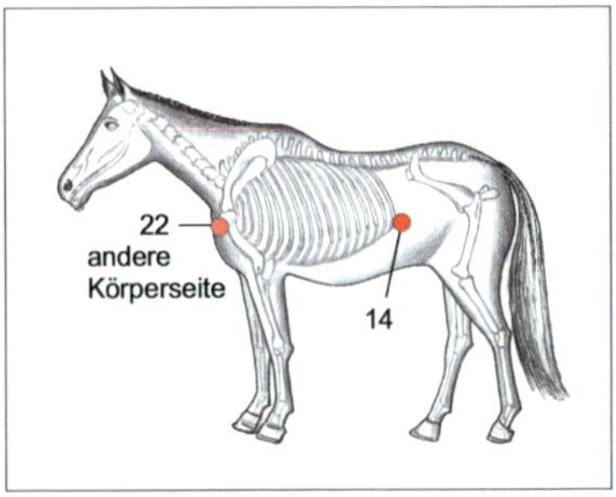

Stumpfes Fell

Machen Sie regelmäßig den **Milzstrom** (S. 56).

Schuppen

Harmonisieren Sie den **Magenstrom** (S. 60) und den **Milzstrom** (S. 56).

Ekzeme

Halten Sie regelmäßig das **SES 3** zusammen mit dem **SES 19.**

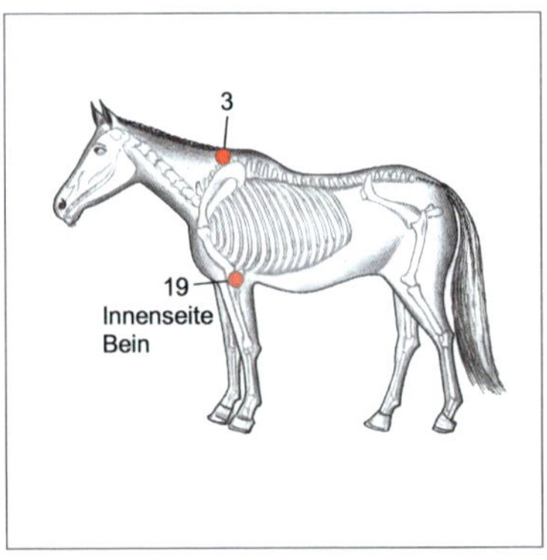

Oder halten Sie das **SES 14** zusammen mit dem **SES 22** (S. 116).

Sommerekzem

Die Ursache für das Sommerekzem ist die Kriebelmücke beziehungsweise eine Allergie des Pferdes auf den Speichel der Mücke. Mögliche Auslöser für die Allergie sind Stress, Fettleibigkeit, Bewegungsmangel, zu energie- und eiweißreiche Pferdeweiden, Medikamente, Impfungen und ein Mangel an Spurenelementen, um nur einige zu nennen.

Unterstützen Sie das Pferd, indem Sie sein **Immunsystem stärken** (S. 151) und seine **Haut harmonisieren** (S. 117).

Ein Griff, der sowohl dem Immunsystem als auch der Haut hilft, ist folgender: Legen Sie eine Hand auf das **SES 18,** die andere Hand auf das **SES 11.**

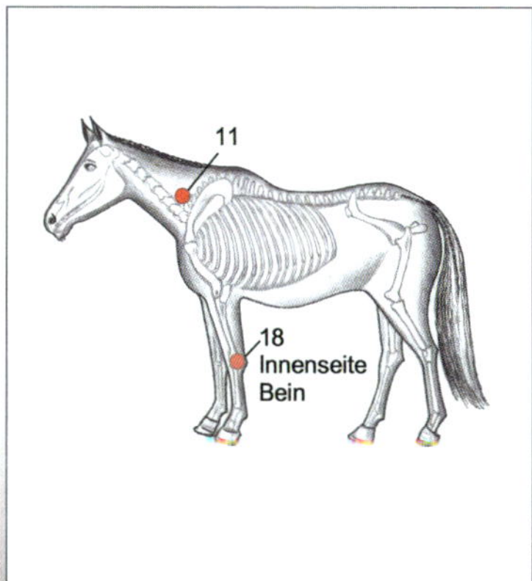

Furunkel und Abszesse

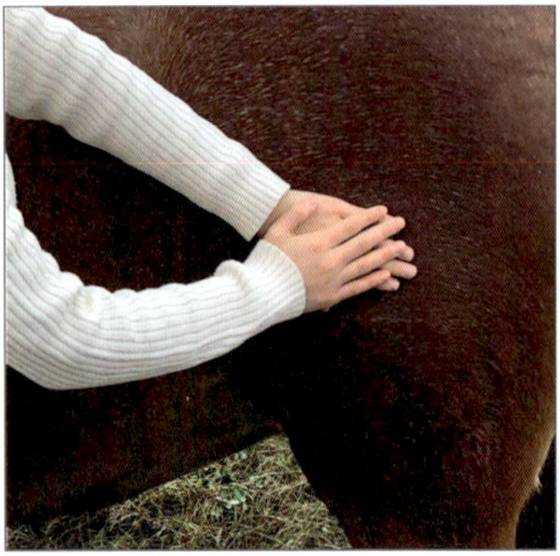

Bei Furunkeln und Abszessen legen Sie die linke Hand auf den **Abszess** und die rechte Hand auf die **linke Hand.**

Wenn Sie mehrere Leute sind, können Sie auch einen »Händeberg« machen: Legen Sie Ihre linke Hand auf den **Abszess** und die rechte Hand auf die **linke Hand,** der Nächste legt seine linke Hand auf Ihre **rechte Hand** und seine rechte Hand auf seine **linke Hand** usw. Das beschleunigt den Heilungsprozess.

Juckreiz

Um Juckreiz zu lindern, strömen Sie das **SES 3** zusammen mit dem **SES 4.**

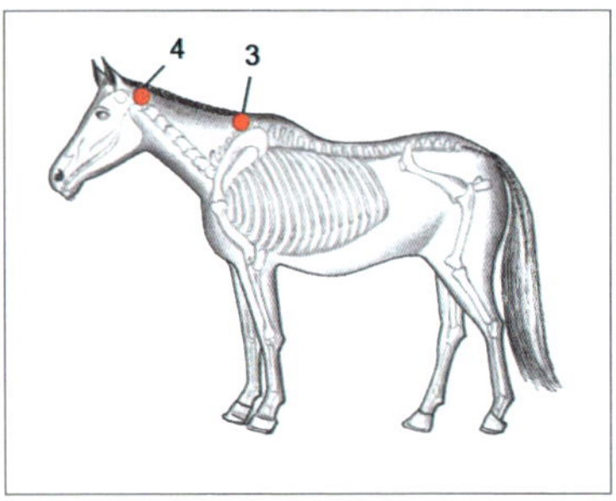

Hautpilz

Der **Milzstrom** (S. 56) wirkt unterstützend bei allen Pilzerkrankungen.

Allergien

Allergien und Unverträglichkeiten sind nicht nur beim Menschen, sondern inzwischen auch bei Tieren ein weitverbreitetes Thema. Es sind unterschiedliche Faktoren, die eine Allergie auslösen können, und oft können wir die Zusammenhänge nur vermuten. Das Immunsystem bekämpft Stoffe, die es eigentlich nicht bekämpfen sollte. Daher ist bei allen Allergien die Harmonisierung des Immunsystems ein wesentlicher Faktor.

Das SES 3 ist der Schlüssel zu einem intakten Immunsystem. Es ist sozusagen die Tür, die aufspringt, damit Viren und Bakterien den Körper wieder verlassen können, und durch die der Körper neue, gereinigte Energie empfangen kann: Halten Sie das **SES 3** zusammen mit dem **SES 15** (S. 23).

Auch der **Milzstrom** (S. 56) stärkt das Immunsystem.

Ein weiterer wichtiger Griff bei Allergien ist folgender: Legen Sie eine Hand auf das **SES 19,** die andere Hand auf das **SES 1.**

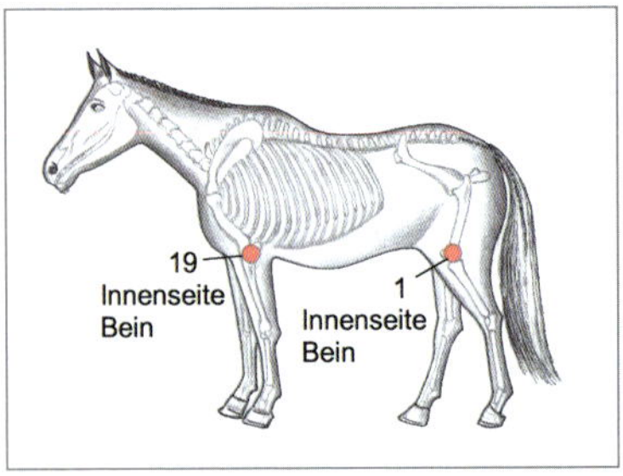

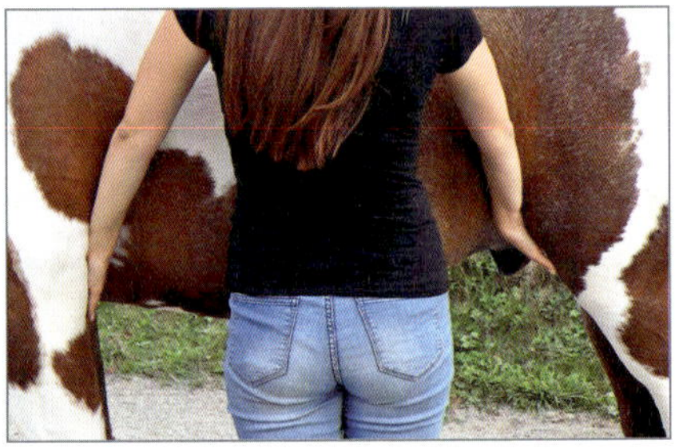

Ein wesentliches Energieschloss bei allen Unverträglichkeiten ist das SES 22: Sie können entweder **beide SES 22** (S. 91) halten oder das **SES 22** zusammen mit dem **SES 14** (S. 116).

Sehr hilfreich ist auch der Griff zur **Ersten Zentrierung** (S. 39).

Gehirn

Epilepsie

Krampfanfälle beim Pferd sind zum Glück sehr selten. Neben der tierärztlichen Behandlung können Sie das Pferd natürlich mit Strömen unterstützen: Halten Sie regelmäßig das **SES 7.**

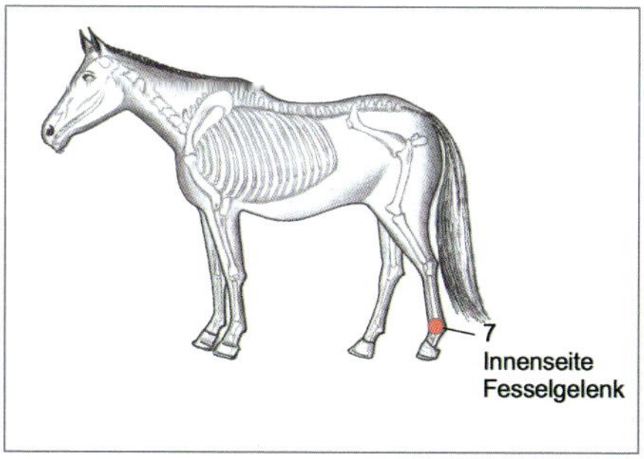

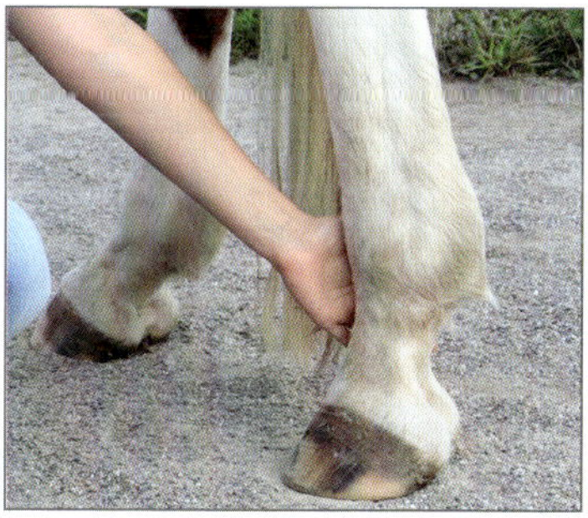

Legen Sie eine Hand in den **Nacken,** die andere Hand auf die **Stirn.**

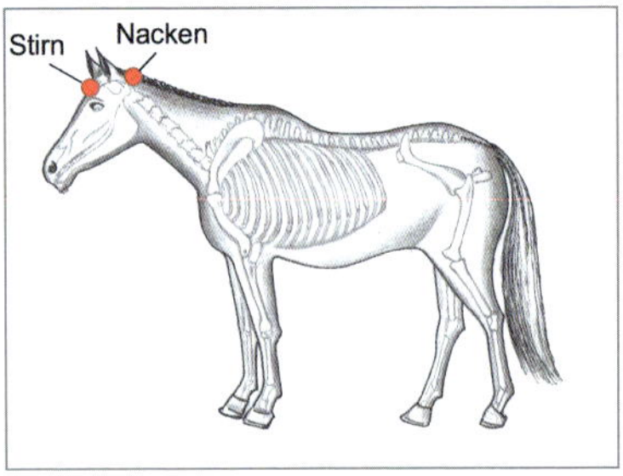

Halten Sie das **SES 12** zusammen mit dem **SES 14.**

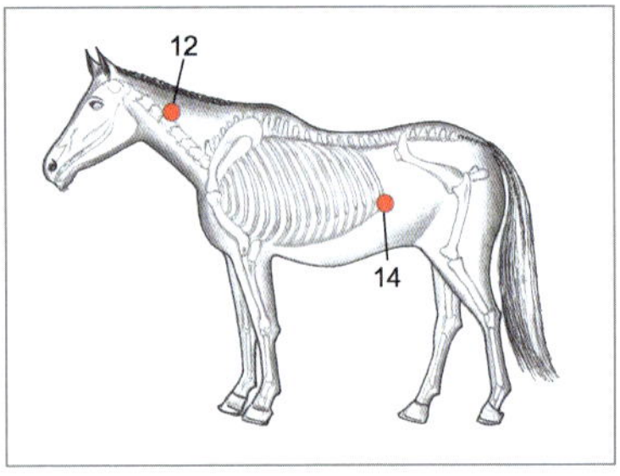

Nervensystem

Muskelzucken

Zuckungen der Muskulatur können als Begleitsymptom verschiedener neurologischer Erkrankungen vorkommen, z. B. Störungen im Nervensystem sowie in den Nervenzellen der Muskulatur. Lassen Sie es tierärztlich abklären. Nicht immer liegt eine Krankheit zugrunde. Muskelzuckungen sind oft harmlos. Manchmal steckt auch eine vorübergehende Nervenreizung hinter dem Symptom.

Strömen Sie das **SES 8** zusammen mit dem **SES 17.**

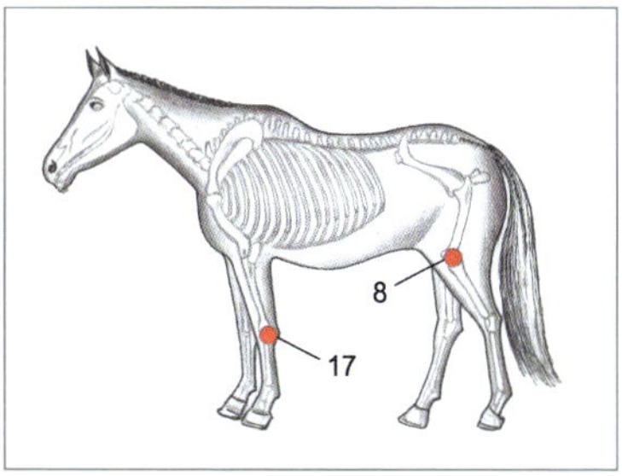

Lähmungen

Für die rechte Körperseite:
1. SCHRITT: Legen Sie die linke Hand auf das **rechte SES 4** und die rechte Hand auf das **rechte SES 13.**

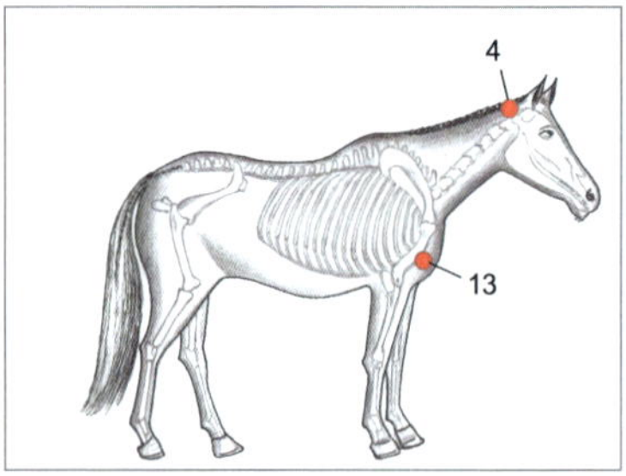

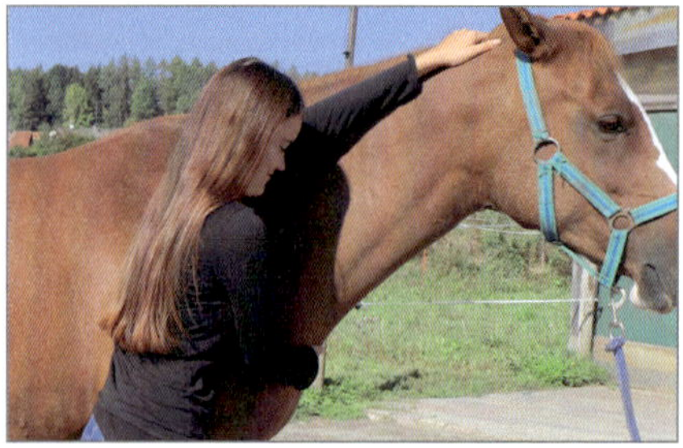

2. SCHRITT: Dann legen Sie die rechte Hand auf das **rechte SES 15** und die linke Hand auf das **rechte SES 16.**

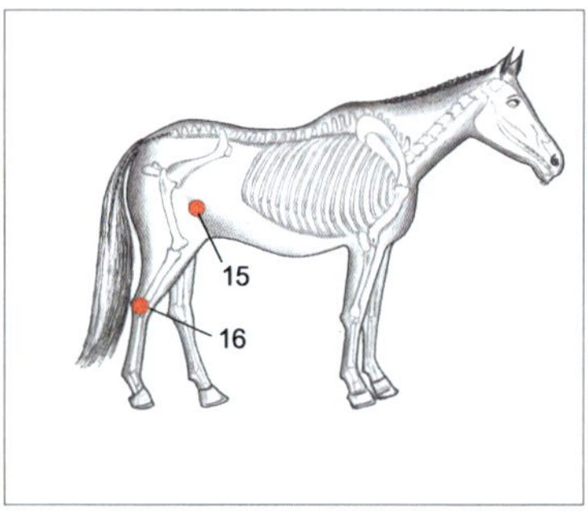

Und umgekehrt für die linke Körperseite:
1. SCHRITT: Legen Sie die rechte Hand auf das **linke SES 4** und die linke Hand auf das **linke SES 13.**

2. SCHRITT: Dann legen Sie die linke Hand auf das **linke SES 15** und die rechte Hand auf das **linke SES 16.**

Bewegungsapparat

Rücken und Wirbelsäule

Es gibt einen sogenannten Ström-Chiropraktiker: Legen Sie eine Hand auf das **SES 2** und die andere Hand auf das **SES 6.**

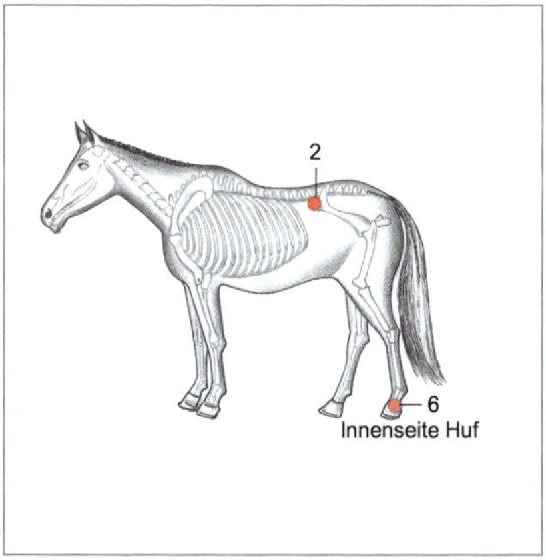

Ein wichtiger Strom für alles, was mit dem Rücken zu tun hat, ist der **Blasenstrom** (S. 66).

Kreuzverschlag

Der akute Kreuzverschlag ist eine Muskelerkrankung, die meist durch eine körperliche Belastung nach einer Ruhephase ausgelöst wird, v. a. dann, wenn an den Ruhetagen die Kraftfuttermenge nicht reduziert wurde. Kohlenhydrate werden zu Glykogen umgewandelt, und dieses wird in der Muskulatur als Energiequelle angereichert. Durch die Belastung wird in kurzer Zeit viel Glykogen abgebaut. Diese großen Mengen können vom Stoffwechsel nicht bewältigt werden, sodass u. a. Milchsäure gebildet wird, die sich in der Muskulatur ansammelt und die Muskelfasern schädigt. Auch eine zu starke körperliche Belastung kann einen akuten Kreuzverschlag auslösen.

Um den Heilungsprozess zu unterstützen, halten Sie das **SES 8** zusammen mit dem **tiefen SES 8.**

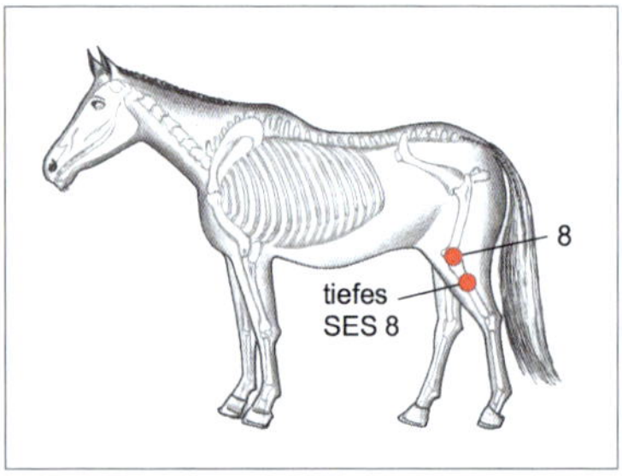

Oder halten Sie das **SES 13** zusammen mit dem **SES 26.**

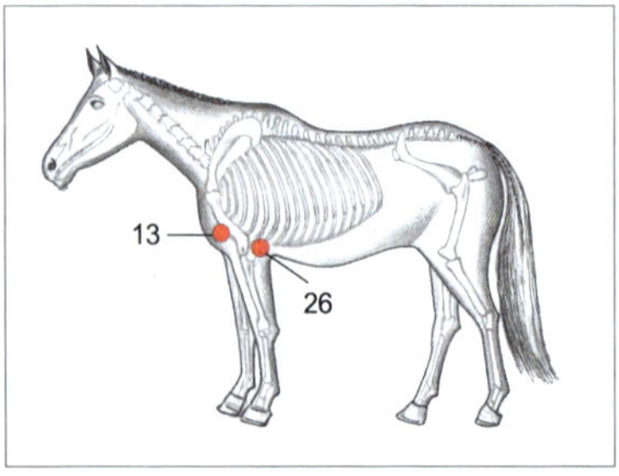

Rückenschmerzen und -verspannungen

Um Rückenschmerzen und -verspannungen zu lindern, halten Sie das **SES 15** zusammen mit dem **SES 2.**

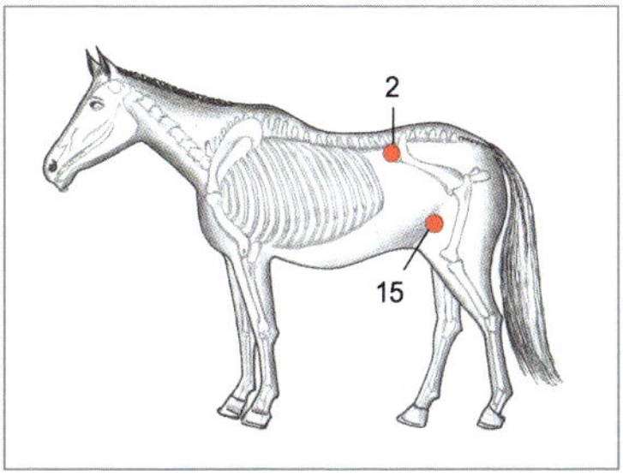

Denken Sie auch an den **Ström-Chiropraktiker** (S. 127).

Bei Pferden, die viel in der Box stehen, halten Sie zusätzlich das **SES 2** und das **SES 3.**

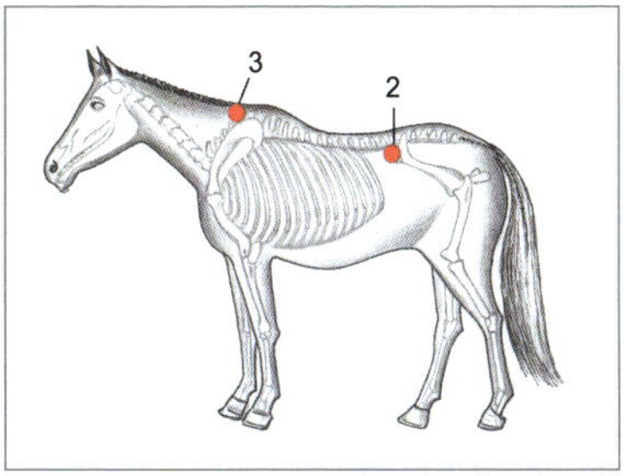

Satteldruck

Natürlich ist es bei einem Satteldruck wichtig, die Ursache zu finden und zu beseitigen.

Die Schmerzen an der Druckstelle können Sie folgendermaßen lindern: Halten Sie das **SES 9** und das **SES 19.**

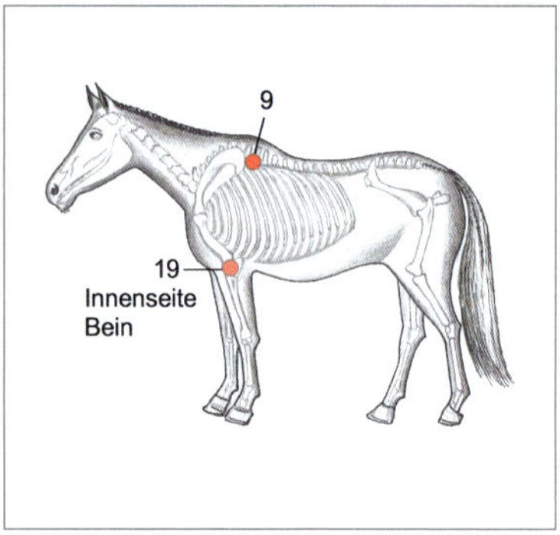

Oder halten Sie das **SES 26** zusammen mit dem **SES 13** (S. 128).

Muskeln

Folgende Griffe unterstützen die Muskulatur und helfen bei Muskelentzündungen, Zerrungen, Überanstrengung, Zittern, zu hohem oder zu niedrigem Muskeltonus und Muskelschmerzen: Legen Sie eine Hand auf das **SES 8,** mit der anderen Hand halten Sie das **SES 5** zusammen mit dem **SES 16.**

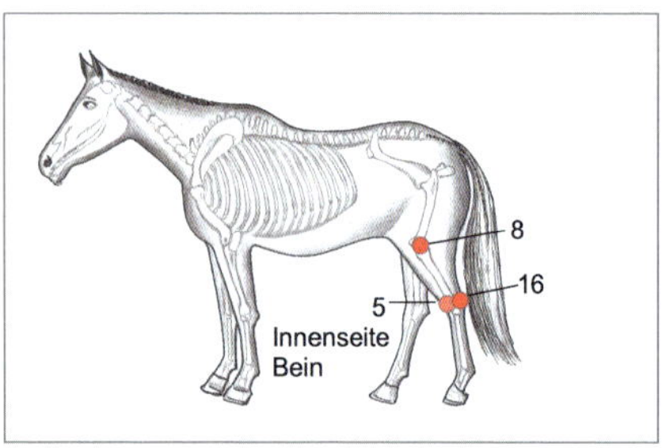

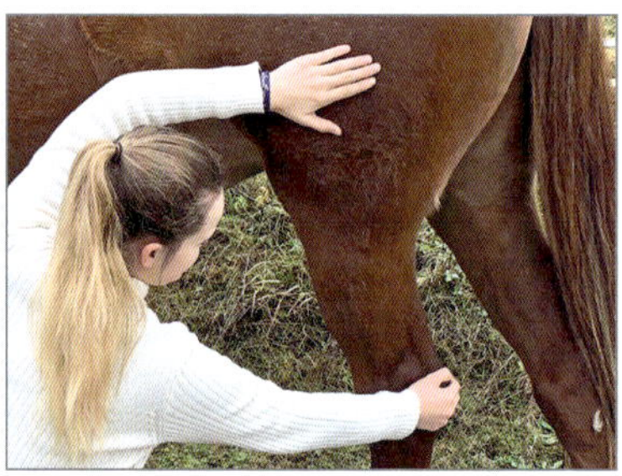

Oder halten Sie erst das **SES 8** und das **SES 5** und anschließend das **SES 8** und das **SES 16.**

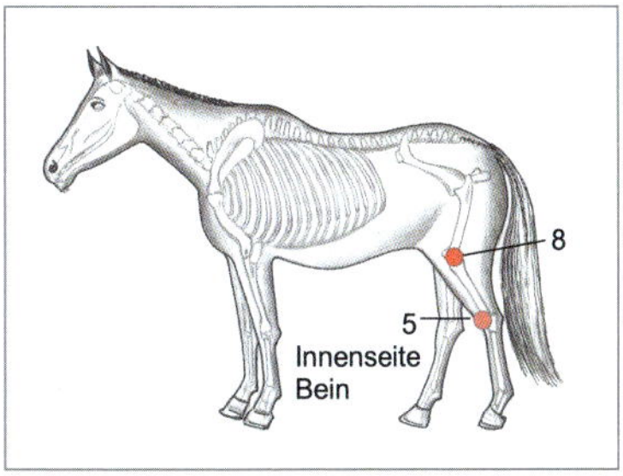

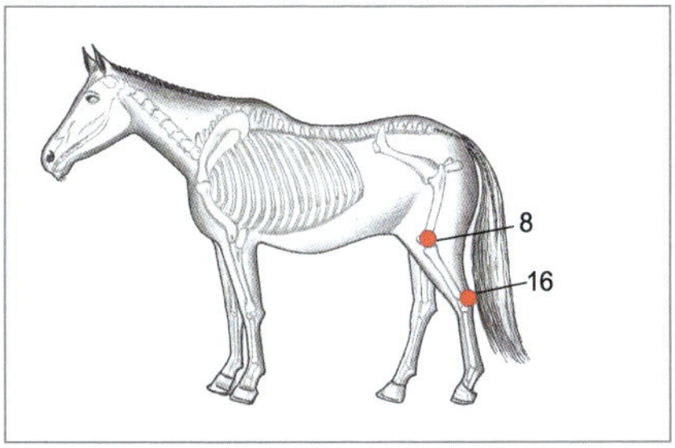

Außerdem können Sie das **SES 12** zusammen mit dem **SES 20** strömen.

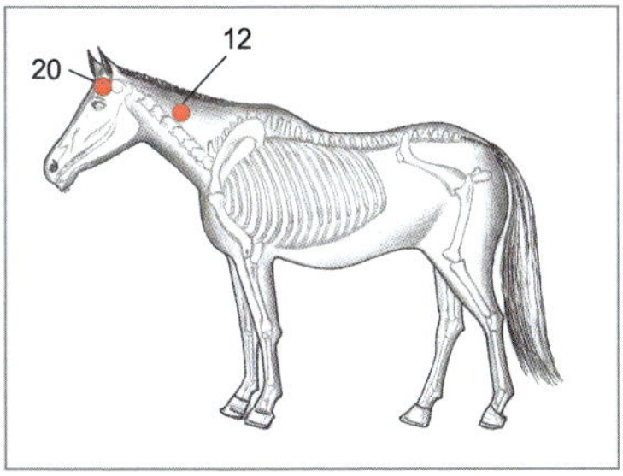

Bei einer Muskelentzündung können Sie zusätzlich das **SES 3** und das **SES 15** halten (S. 23), bei einer Muskelschwäche das **SES 8** und das **tiefe SES 8.**

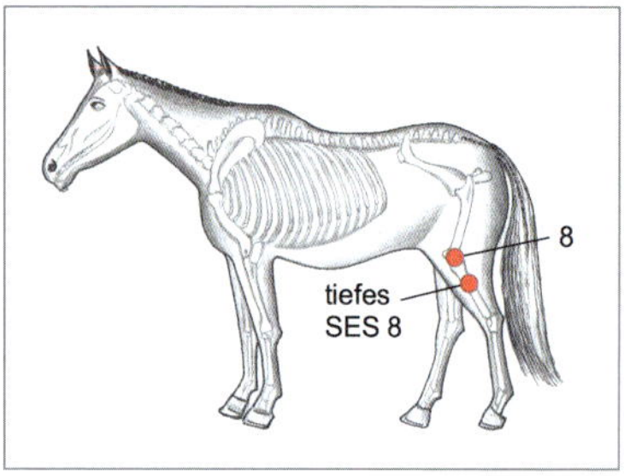

Bei einer Muskelverletzung halten Sie das **SES 8** zusammen mit dem **SES 15.**

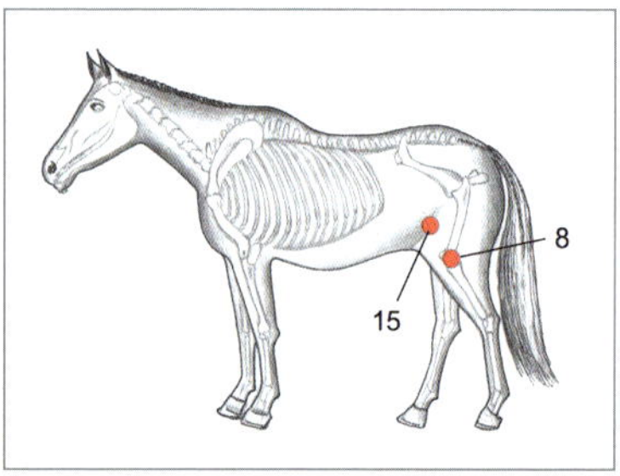

Bänder, Sehnen und Gelenke

Verstauchung und Zerrung

Bei einer Verstauchung am Hinterbein halten Sie das **SES 17** auf der anderen Körperseite.

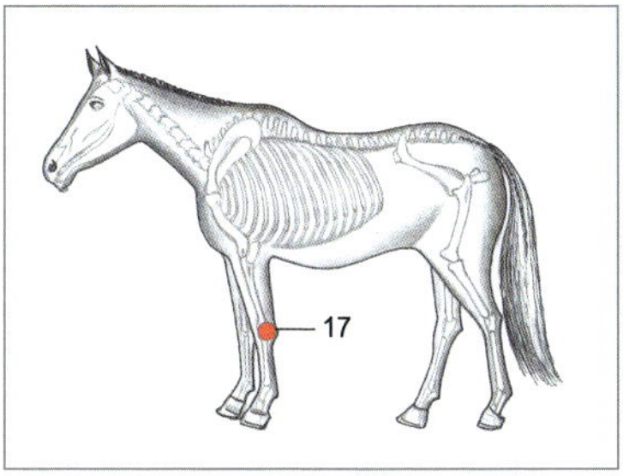

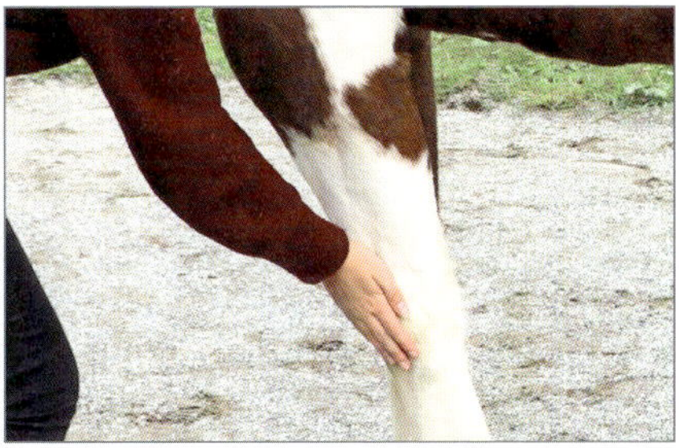

Sie können auch eine Hand auf die **Verstauchung,** die andere Hand auf das **SES 15** auf derselben Körperseite legen.

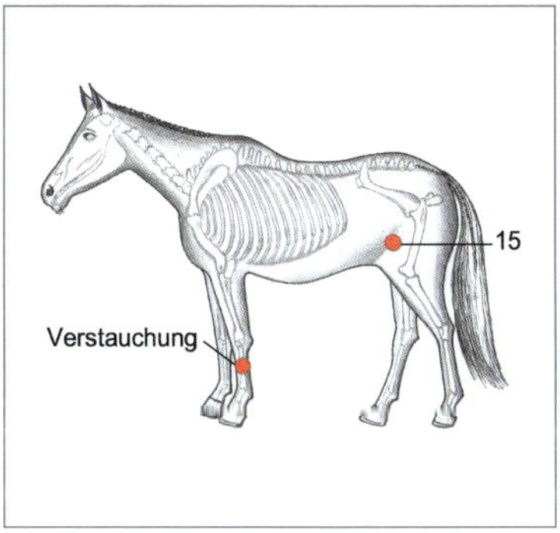

Zur Stärkung von Bändern und Sehnen legen Sie eine Hand auf das **SES 4,** die andere Hand auf das **SES 22.**

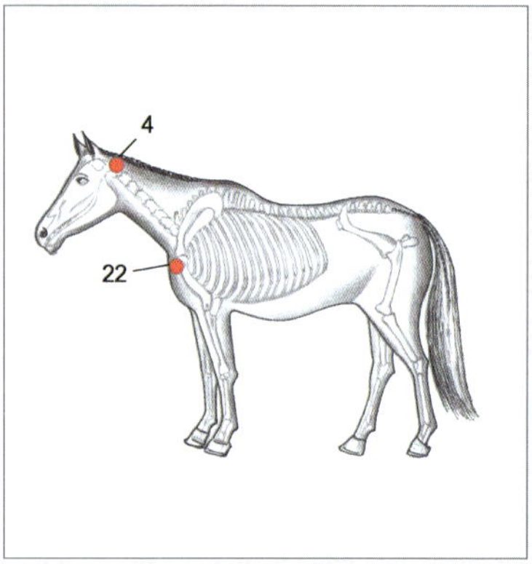

Sehnenentzündung

Halten Sie das **SES 3** zusammen mit dem **SES 15** (S. 23).

Schleimbeutelentzündung

Bei einer Schleimbeutelentzündung machen Sie den **Milzstrom** (S. 56).

Oder strömen Sie das **SES 26** zusammen mit dem **SES 13** (S. 128).

Gelenkentzündung (Arthritis)

Legen Sie eine Hand auf das **SES 12** und die andere Hand auf das **SES 14** (S. 124).

Um die Schmerzen zu lindern und die Entzündung zu heilen, können Sie folgendermaßen strömen:
1. SCHRITT: Halten Sie mit der einen Hand das **SES 5** und das **SES 16** und mit der anderen Hand das **SES 15.**

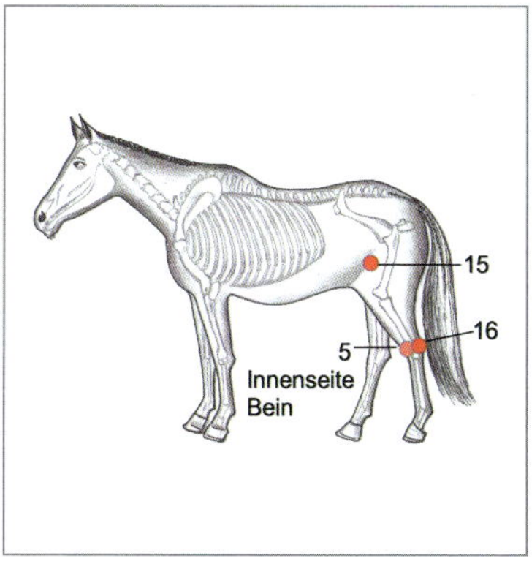

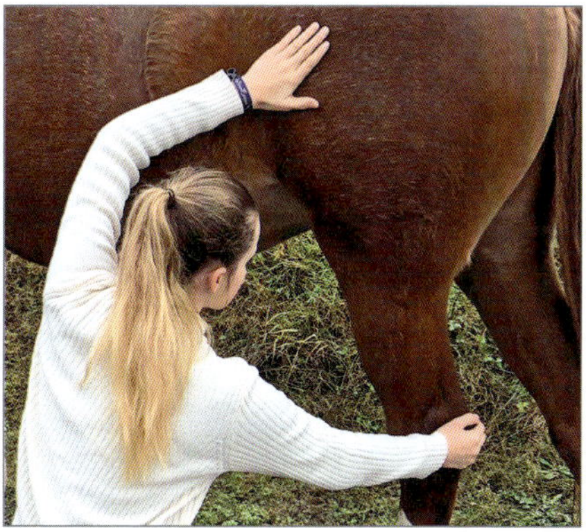

2. SCHRITT: Halten Sie anschließend **beide SES 3.**

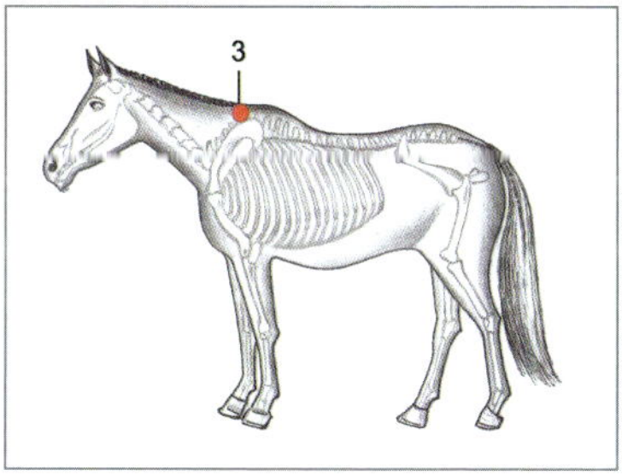

Gelenkabnutzung (Arthrose)

Strömen Sie das **SES 13** und das **SES 17.**

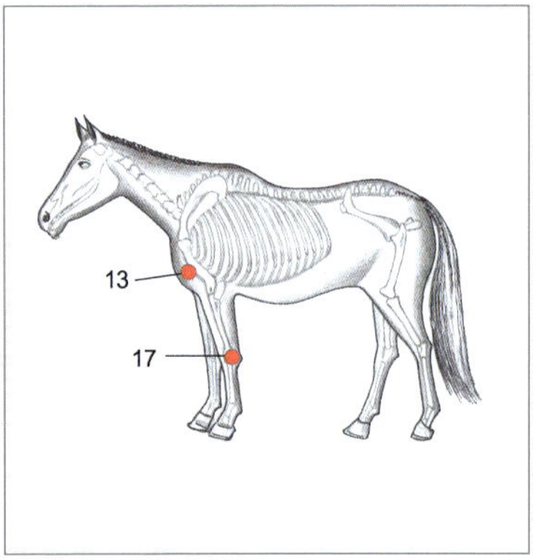

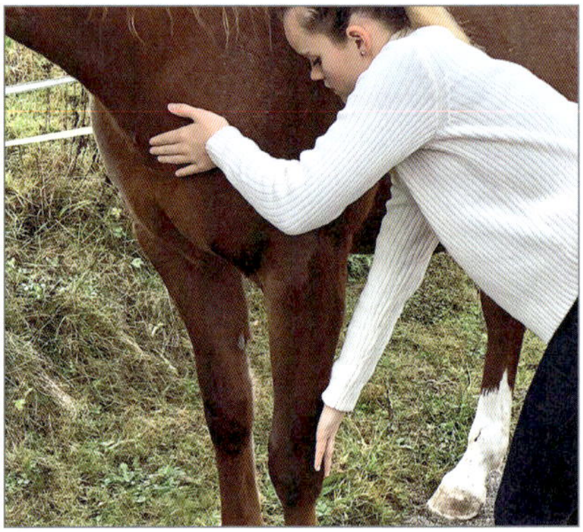

Das SES 1 bringt Bewegung und Beweglichkeit. Halten Sie **ein oder beide SES 1** (S. 21).

Oder halten Sie das **SES 1** zusammen mit dem **hohen SES 19.**

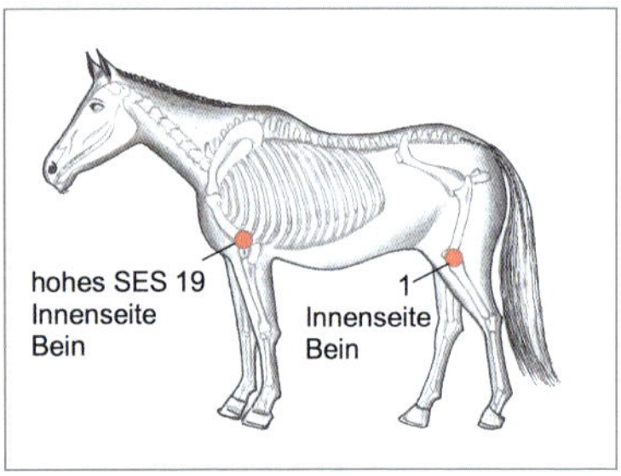

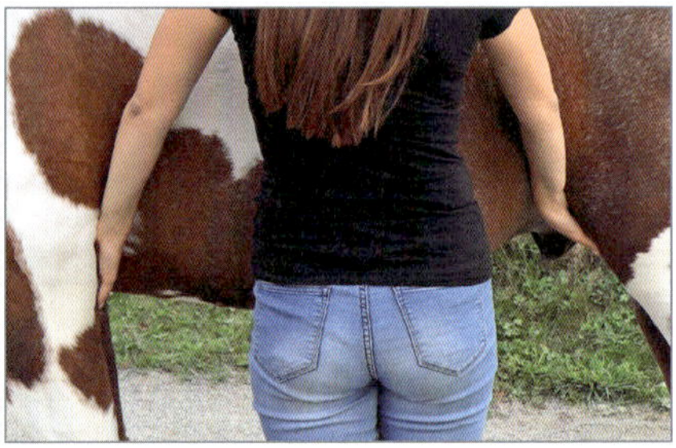

Verletzungen am Sprunggelenk

Hier können Sie auf der dem betroffenen Gelenk gegenüberliegenden Körperseite das **SES 17** und das **SES 19** halten.

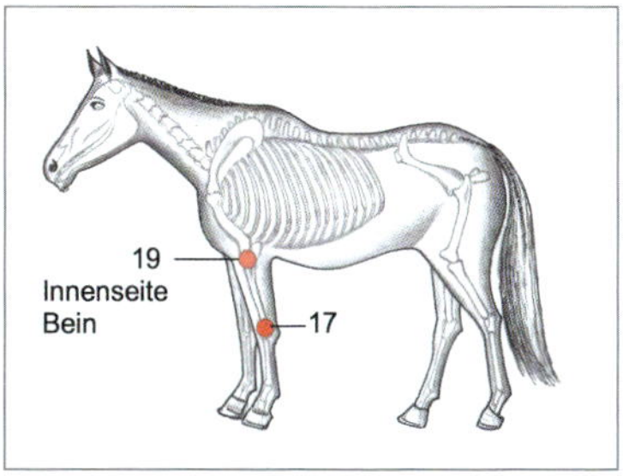

Ein weiterer hilfreicher Strömgriff für alles, was mit den Gelenken zu tun hat, ist folgender: Halten Sie das **SES 12** zusammen mit dem **SES 20** auf der anderen Körperseite.

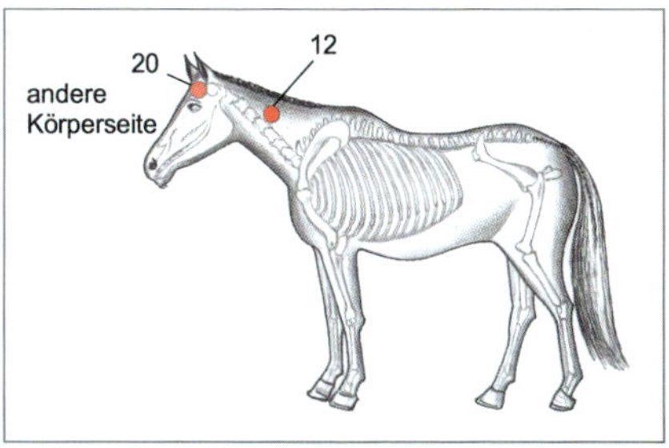

Spat

Unter dem Begriff »Spat« fasst man eine Arthrose im Sprunggelenk, eine Knochenhautentzündung in den kleinen Knochen des Sprunggelenkes und eine Entkalkung der Fußwurzelknochen zusammen. Strömen Sie das **SES 15** und das **SES 23.**

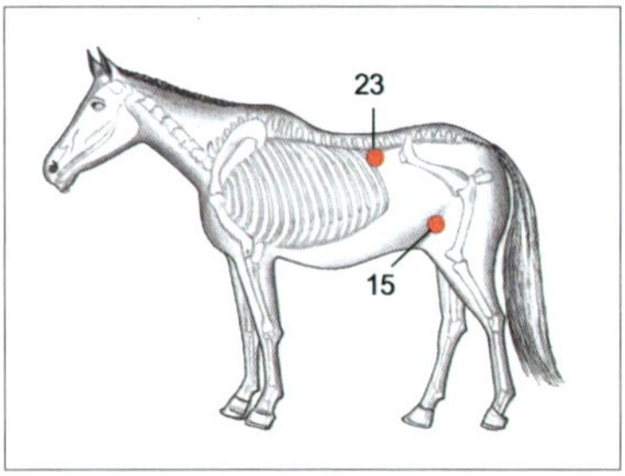

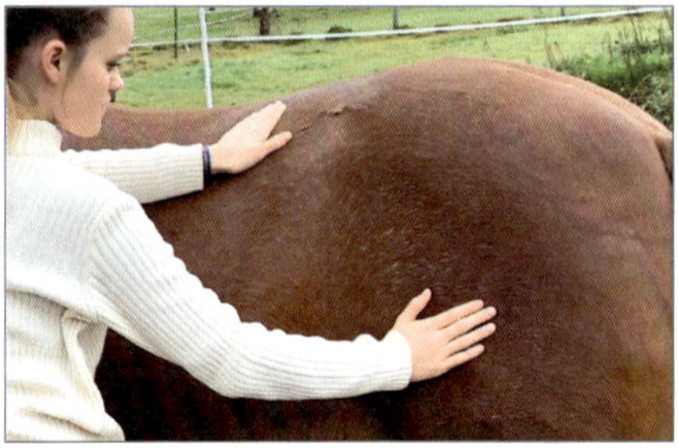

Oder halten Sie das **SES 9** und das **SES 26.**

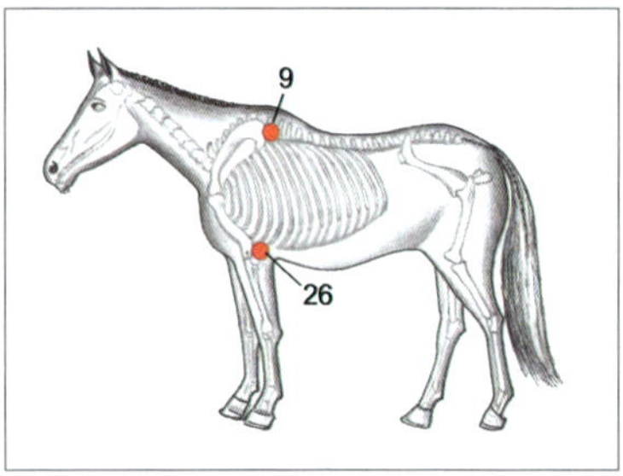

Gelenkgallen

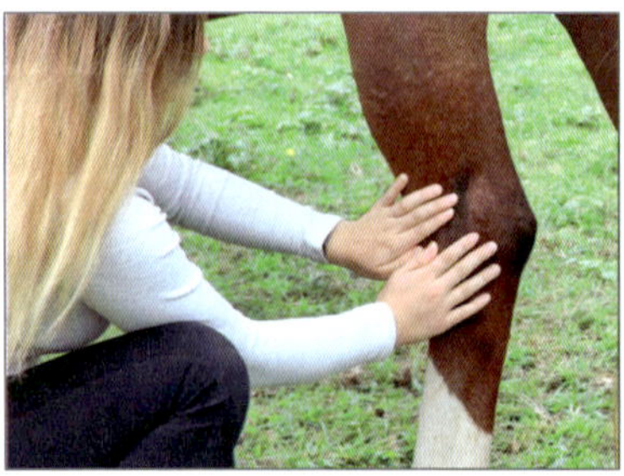

Legen Sie beide Hände nebeneinander über die **Schwellung.**

Machen Sie den **Milzstrom** (S. 56).

Halten Sie das **SES 23** zusammen mit dem **SES 26.**

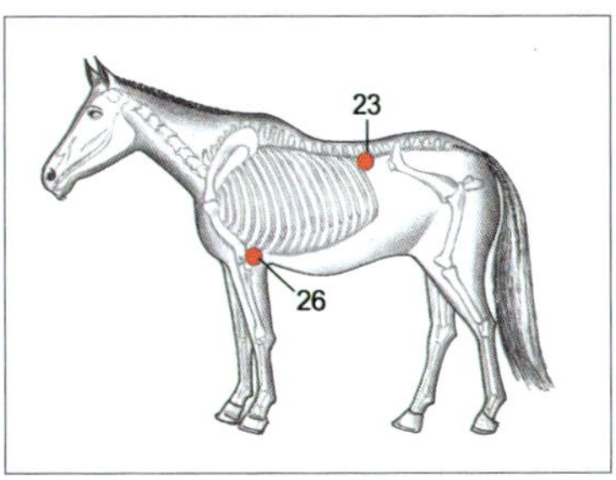

Knochen

Knochenbrüche

Zur Heilungsunterstützung bei Knochenbrüchen halten Sie das **SES 15** in der Leistenbeuge. Sie können das **SES 15** auch zusammen mit dem **SES 3** und dem **SES 11** strömen.

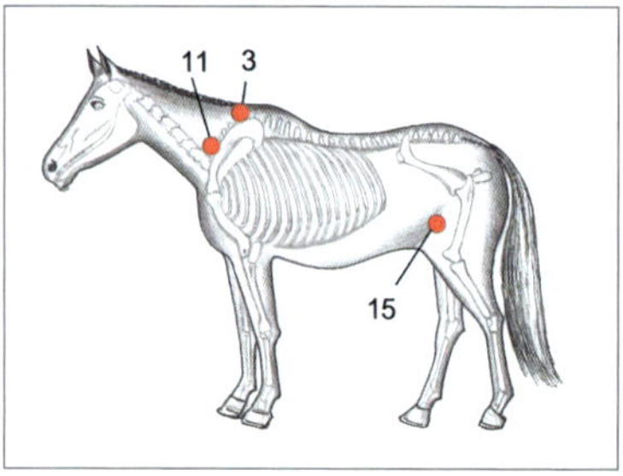

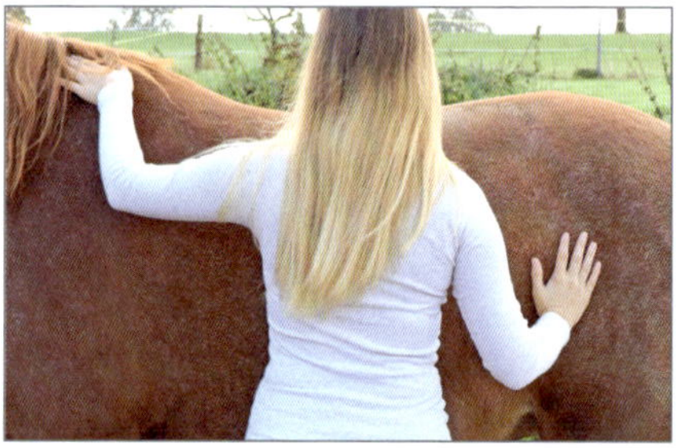

Oder legen Sie eine Hand über den **Bruch** und die andere Hand auf das **SES 15.**

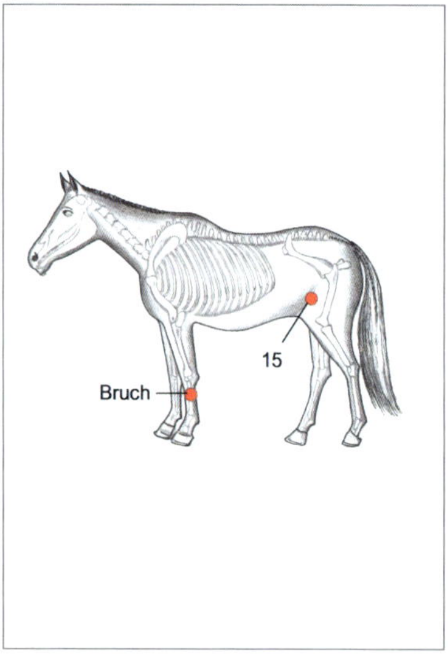

Knochenhautentzündung

Halten Sie das **SES 3** und das **SES 15** (S. 23).

Oder strömen Sie das **SES 11** zusammen mit dem **SES 17.**

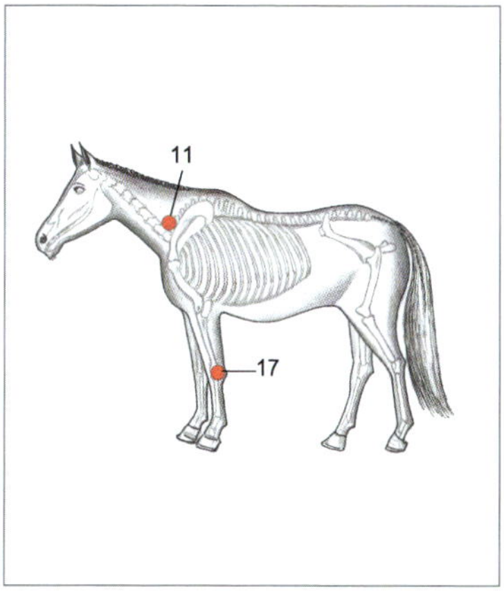

Überbeine

Überbeine sind Schwellungen, die durch Wasseransammlungen unter der Haut hervorgerufen werden.

Machen Sie den **Blasenstrom** (S. 66).

Halten Sie das **SES 23** zusammen mit dem **SES 26.**

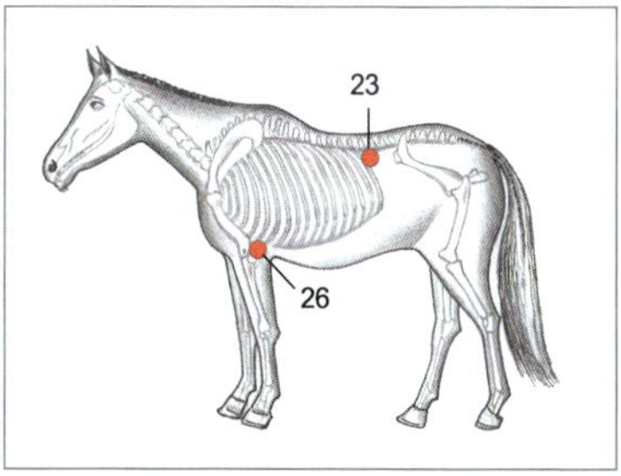

Knochenverformungen

Strömen Sie das **SES 17** zusammen mit dem **SES 19.**

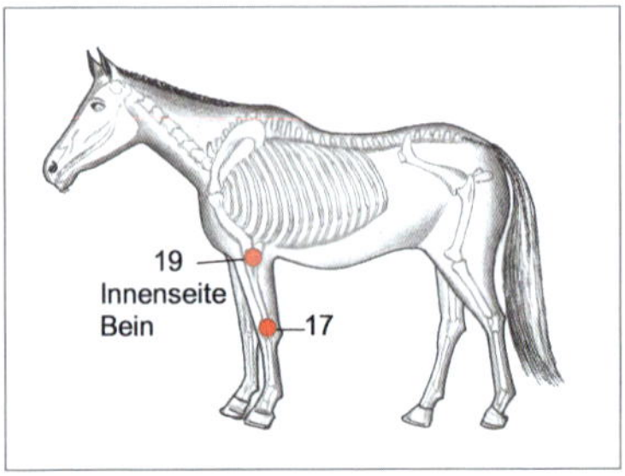

Oder halten Sie das **SES 3** zusammen mit dem **SES 25.**

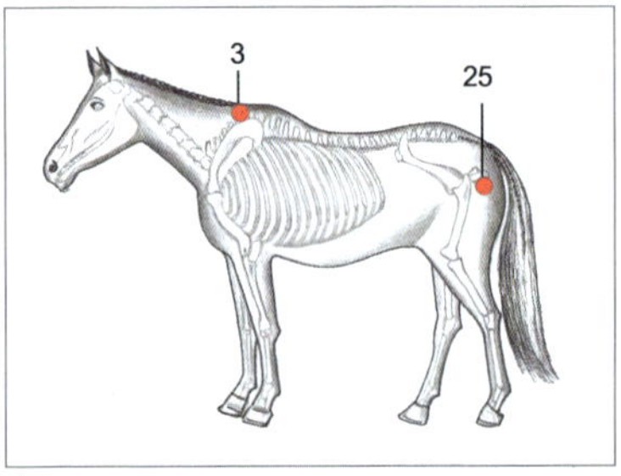

Stärkung der Knochen

Um die Knochen zu stärken, halten Sie das **SES 11** zusammen mit dem **SES 13** auf der anderen Körperseite.

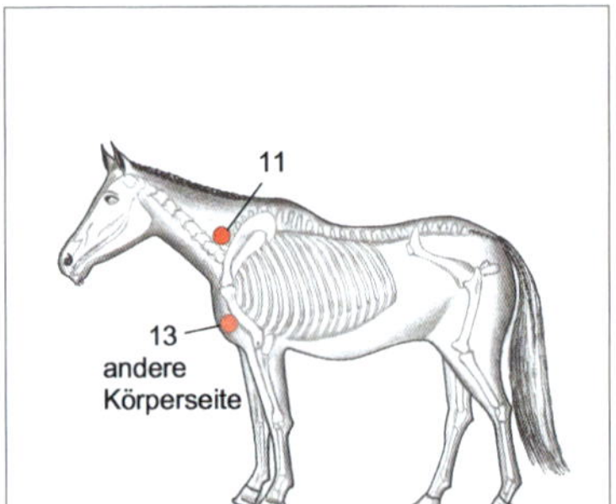

Hufe

Für alles, was mit den Hufen zu tun hat, können Sie das **SES 5** zusammen mit dem **SES 6** strömen.

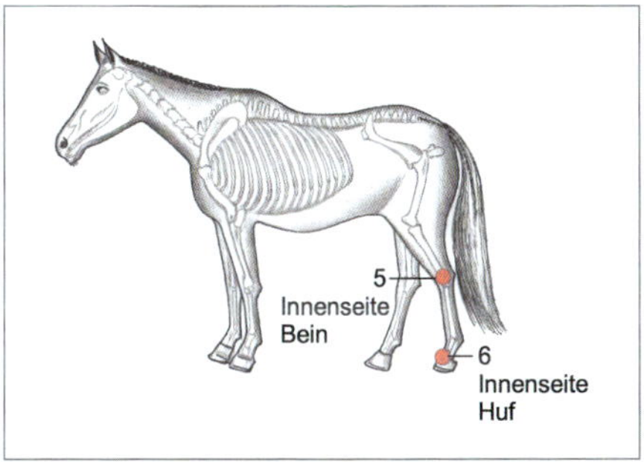

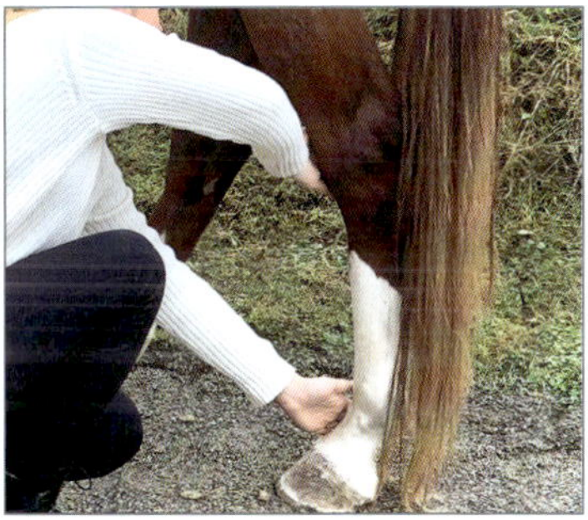

Brüchige Hufe

Achten Sie auf eine gute Fütterung, eine angemessene Hufpflege und natürlich auf ausreichenden Weidegang.

Mit Strömen können Sie das Pferd folgendermaßen unterstützen: Halten Sie das **SES 11** zusammen mit dem **SES 19.**

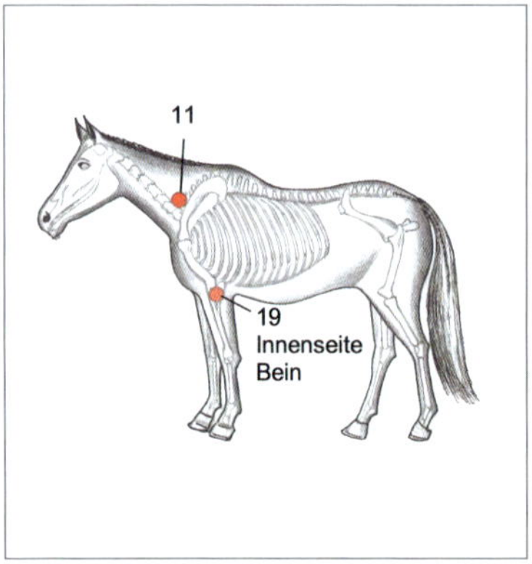

Oder halten Sie das **SES 4** zusammen mit dem **SES 23.**

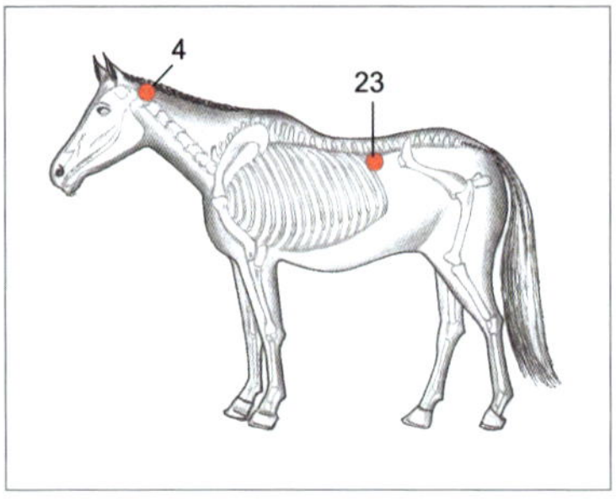

Hufabszess

Siehe »**Furunkel und Abszesse**« (S. 120).

Hufrehe

Hufrehe ist eine Entzündung der Huflederhaut, infolge der sich die Lederhaut von der Hornkapsel ablöst. In extremer Ausprägung löst sich die Hornkapsel vollständig, dann spricht man von »Ausschuhen«. Ein Pferd mit Hufrehe lahmt und nimmt häufig eine Schonhaltung ein, um den betroffenen Huf zu entlasten. Nicht jedes Lahmen muss ein Hinweis auf Hufrehe sein, aber lassen Sie es auf jeden Fall tierärztlich abklären.

Unterstützen Sie das Pferd, indem Sie es auf der betroffenen Körperseite strömen: Legen Sie eine Hand auf das **SES 9** und die andere Hand auf das **SES 17.**

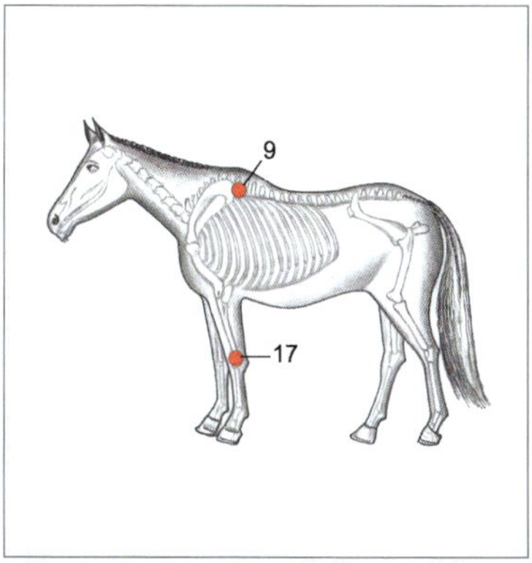

Legen Sie eine Hand auf das **SES 3** und die andere Hand auf das **SES 15** (S. 23).

Die folgende Strömfolge ist ebenfalls sehr kraftvoll:
Für die linke Körperseite:
1. SCHRITT: Legen Sie die **linke Hand** auf das **linke SES 22,** wo sie bis zum Ende liegen bleibt, und die **rechte Hand** auf das **linke SES 11.**

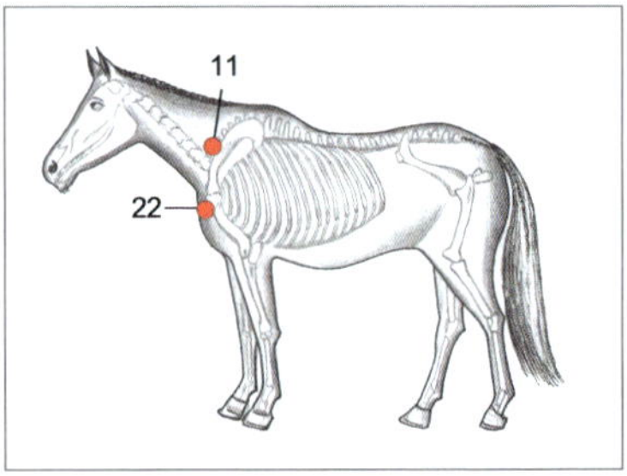

2. SCHRITT: Legen Sie die **rechte Hand** auf das **linke SES 3.**

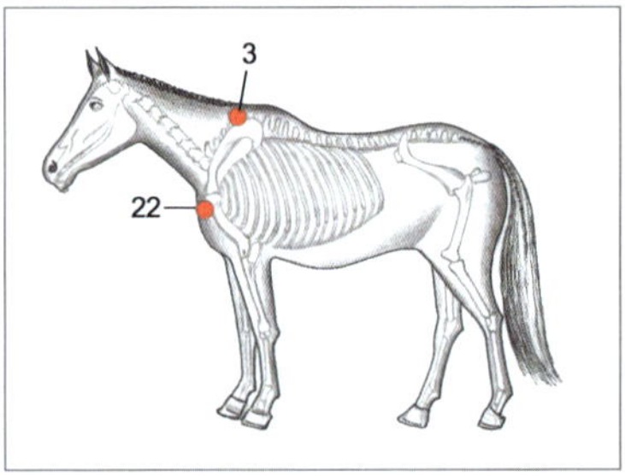

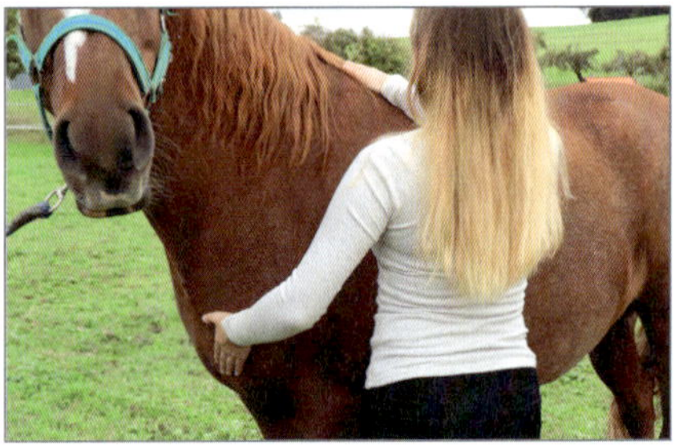

3. SCHRITT: Legen Sie die **rechte Hand** auf das **linke SES 10.**

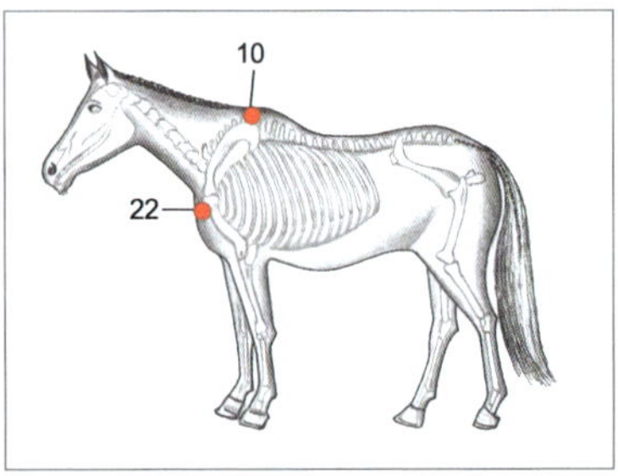

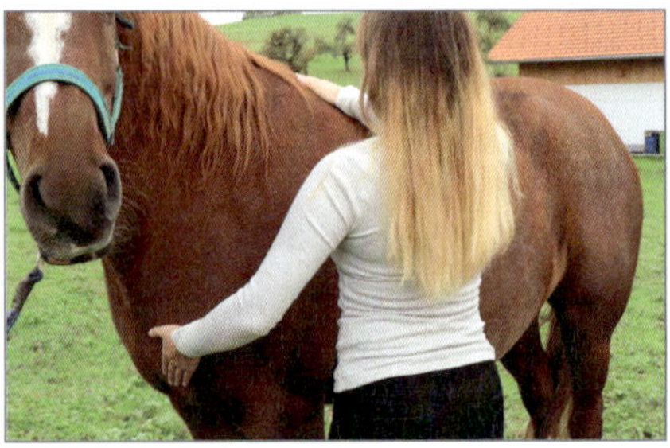

4. SCHRITT: Legen Sie die rechte Hand auf das **linke SES 9.**

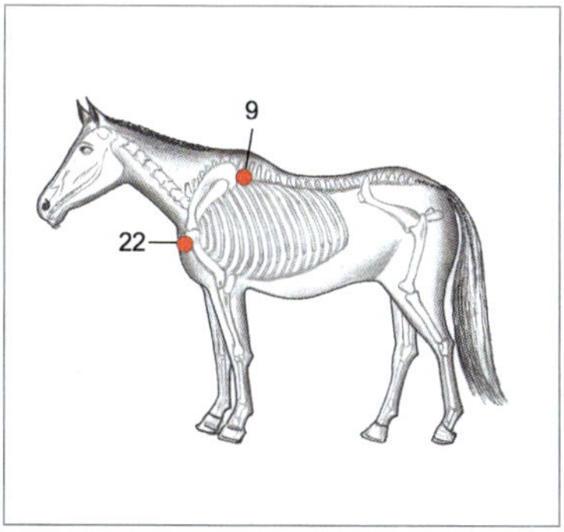

5. SCHRITT: Nun geht die rechte Hand auf das **linke SES 14.**

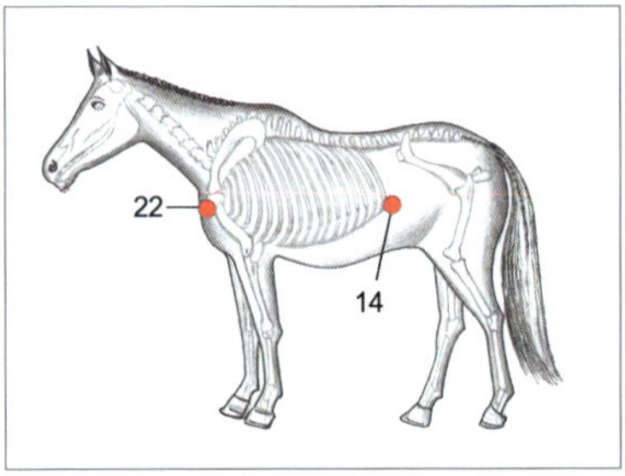

6. SCHRITT: Legen Sie die rechte Hand auf das **linke SES 1.**

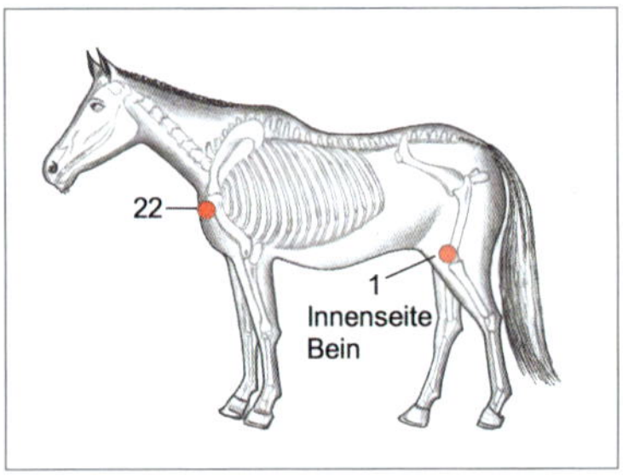

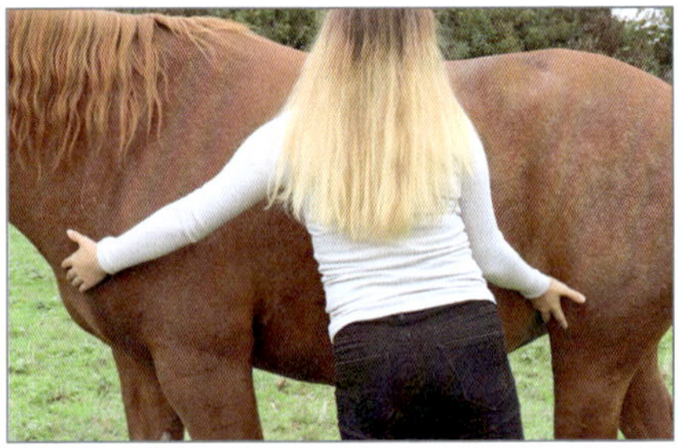

Und umgekehrt für die rechte Körperseite:
1. SCHRITT: Legen Sie die rechte Hand auf das **rechte SES 22,** wo sie bis zum Ende liegen bleibt, und die linke Hand auf das **rechte SES 11.**

2. SCHRITT: Legen Sie die linke Hand auf das **rechte SES 3.**

3. SCHRITT: Legen Sie die linke Hand auf das **rechte SES 10.**

4. SCHRITT: Legen Sie die linke Hand auf das **rechte SES 9.**

5. SCHRITT: Nun geht die linke Hand auf das **rechte SES 14.**

6. SCHRITT: Legen Sie die linke Hand auf das **rechte SES 1.**

Strahlfäule

Bei Strahlfäule handelt es sich um eine bakterielle Erkrankung des Hufes. Dabei wird zuerst das Horn in der mittleren Strahlfurche zersetzt. Dieser Zersetzungsprozess breitet sich dann auf die seitlichen Strahlfurchen aus. Ohne Behandlung kann auch das wesentlich festere Horn von Hufwand und Hufsohle angegriffen werden. Charakteristisch für Strahlfäule ist der faulige Gestank, allerdings ist die Erkrankung in diesem Stadium schon weit fortgeschritten.

Da es eine bakterielle Erkrankung ist, sollten Sie auf jeden Fall das **SES 3** zusammen mit dem **SES 15** strömen (S. 23).

Legen Sie außerdem eine Hand auf das **SES 8,** und halten Sie mit der anderen Hand das **SES 5** und das **SES 16** (S. 130).

Alternativ können Sie auch zuerst das **SES 5** mit dem **SES 8** und dann das **SES 16** mit dem **SES 8** strömen (S. 131).

Oder halten Sie das **SES 17** und das **SES 18.**

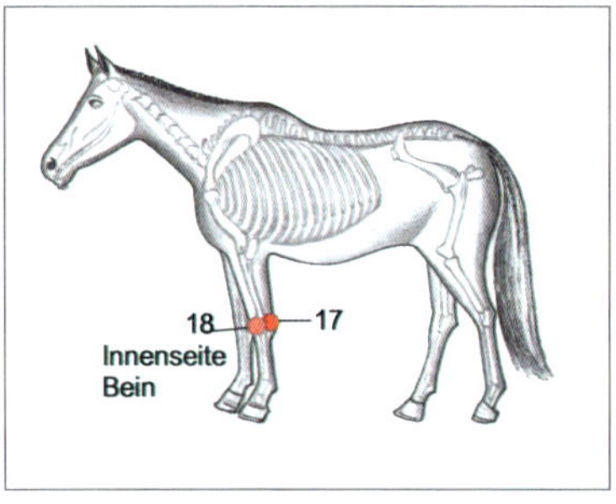

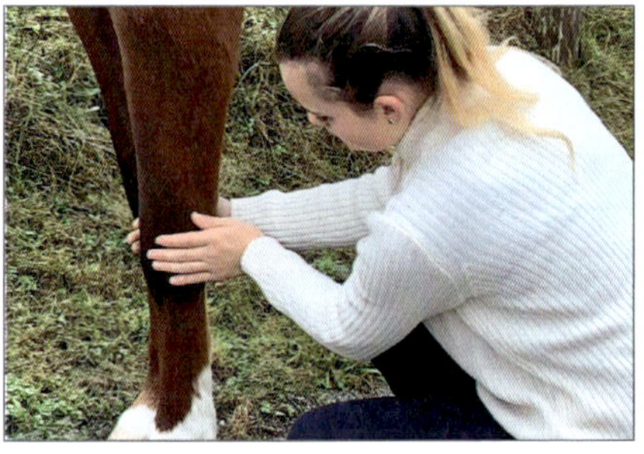

Hufrollenentzündung

Halten Sie das **SES 17** zusammen mit dem **SES 18** (siehe oben).

Oder strömen Sie das **SES 3** mit dem **SES 15** (S. 23).

Immunsystem

Die Voraussetzung für Gesundheit und Lebenskraft ist ein intaktes Immunsystem. Sobald Sie das Pferd strömen, stärken Sie automatisch sein Immunsystem und regen seine Selbstheilungskräfte an – und zwar egal, welche Griffe Sie anwenden. Das wichtigste Energieschloss für das Immunsystem ist das **SES 3** (S. 22). Es ist sozusagen die Tür, die aufschwingt, um alte, verbrauchte Energie aus dem Körper hinaus- und neue, gereinigte Energie hereinzulassen. Ist das SES 3 offen, können Bakterien und Viren, die sich im Grunde ständig oder immer wieder im Körper befinden, auch wieder aus dem Körper hinaus und müssen sich nicht festsetzen und Krankheiten auslösen.

Sie können beginnende Infekte stoppen und auflösen, indem Sie das **SES 3** und das **SES 15** halten (S. 23).

Weitere Ströme harmonisieren das Immunsystem sehr effektiv und kraftvoll:

› der **Zentralstrom** (S. 41)
› die **Betreuerströme** (S. 51)
› der **Milzstrom** (S. 56)

Halten Sie das **SES 19** zusammen mit dem **hohen SES 19.**

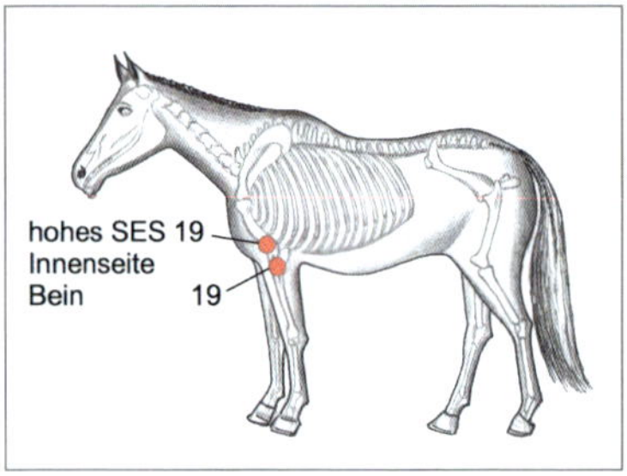

Oder halten Sie das **SES 13** zusammen mit dem **SES 19.**

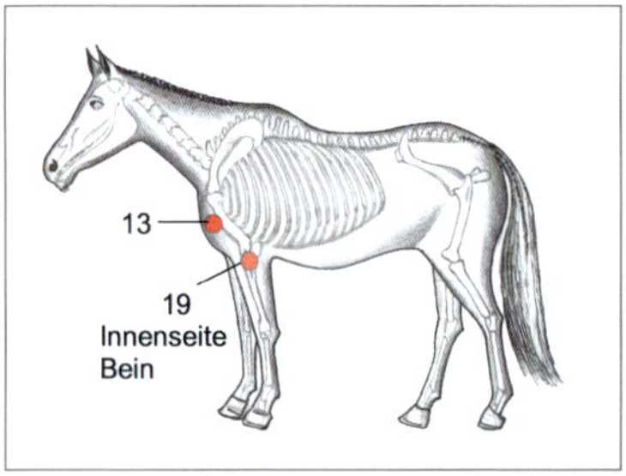

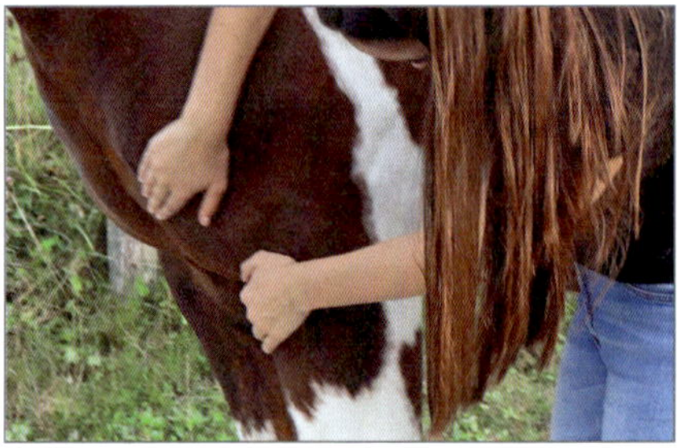

Geschwülste, Tumore und Ödeme

Wo Bewegung ist, können sich keine Ansammlungen festsetzen. Strömen bringt den Energiefluss wieder in Bewegung, sodass sich Altes und Verhärtetes und damit auch Ansammlungen aller Art lösen können. Jin Shin Jyutsu harmonisiert das ganze Wesen und bringt nach und nach alles wieder ins Gleichgewicht – auch das Zellwachstum.

Das **SES 1,** der Urbeweger, bringt alles in Bewegung und löst Ansammlungen auf.

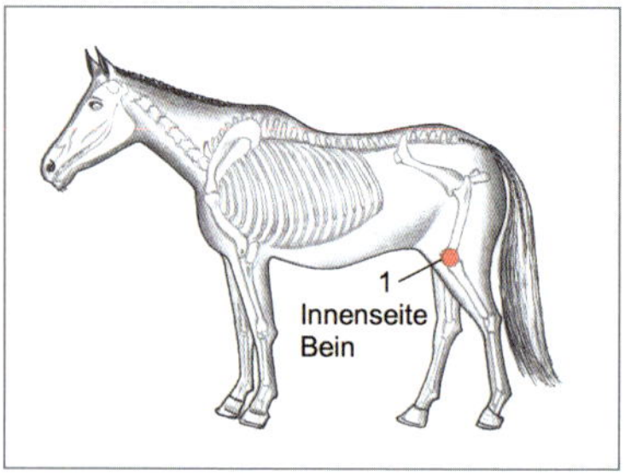

Der **Milzstrom** (S. 56) bringt das Licht in jede Zelle und kann ebenfalls Tumore und Ansammlungen auflösen.

Machen Sie regelmäßig den **Zentralstrom** (S. 41).

Um die Zellerneuerung zu unterstützen, halten Sie das **SES 20** und das **SES 19.**

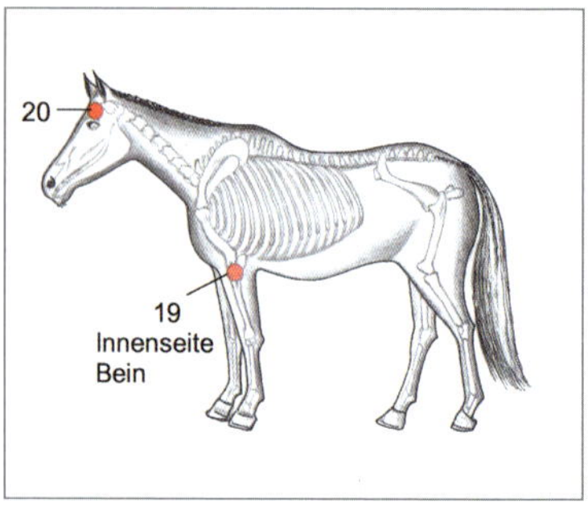

Machen Sie regelmäßig die **Betreuerströme** (S. 51).

Ein wichtiger Strömgriff bei bösartigen Tumoren ist folgender: Legen Sie eine Hand auf das **SES 24** (harmonisiert Chaos) und die andere Hand auf das **SES 26.** Dies ist auch ein wirksamer Griff bei Zysten.

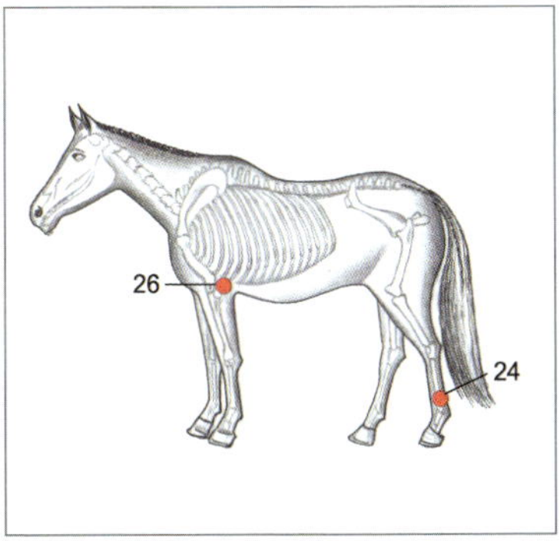

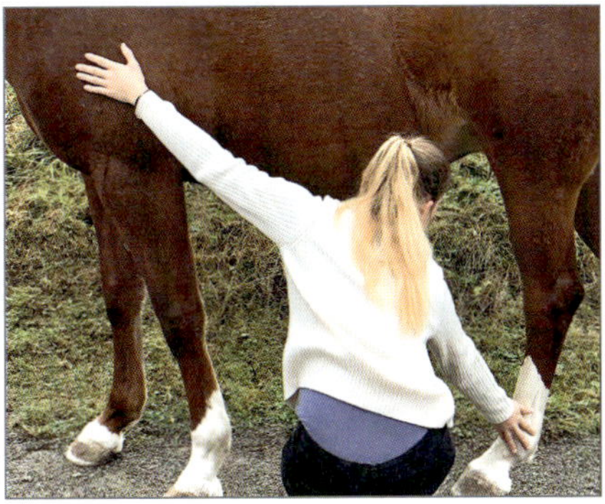

Bei größeren Pferden können Sie auch zuerst das **SES 24** und das **SES 1** strömen und anschließend das **SES 26** und das **SES 13.**

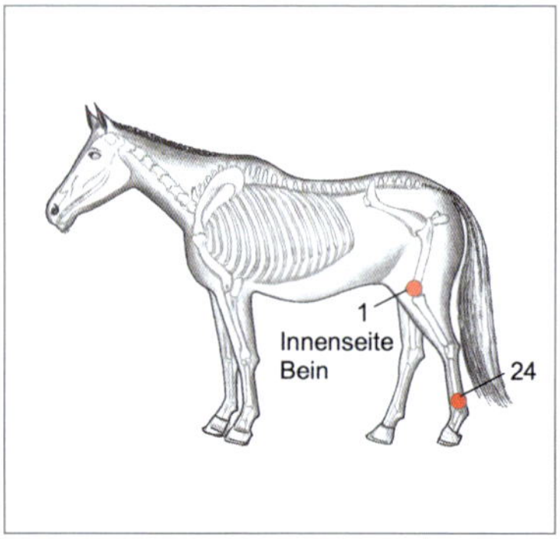

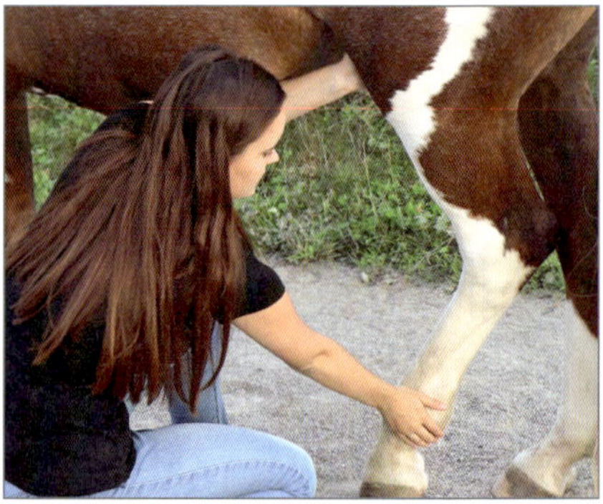

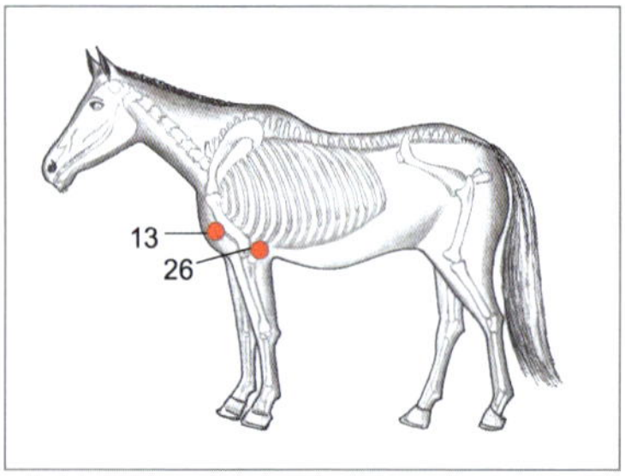

Um Ödeme aufzulösen, wenden Sie den **Blasenstrom** (S. 66) an.

Verhalten und Psyche

Ängste und Panik

Ein wichtiger Strom bei Ängsten ist der **Zentralstrom** (S. 41), er bringt alles wieder in die Mitte und schenkt tiefes Vertrauen.

Auch der **Blasenstrom** (S. 66) ist ein wichtiger Strom bei allen Angstthemen.

Eine einfache Strömfolge, um Ängste und Panik zu lösen, ist folgende:
1. SCHRITT: Legen Sie eine Hand in den Nacken **zwischen beide SES 4** und die andere Hand auf die Brust **zwischen beide SES 22.**

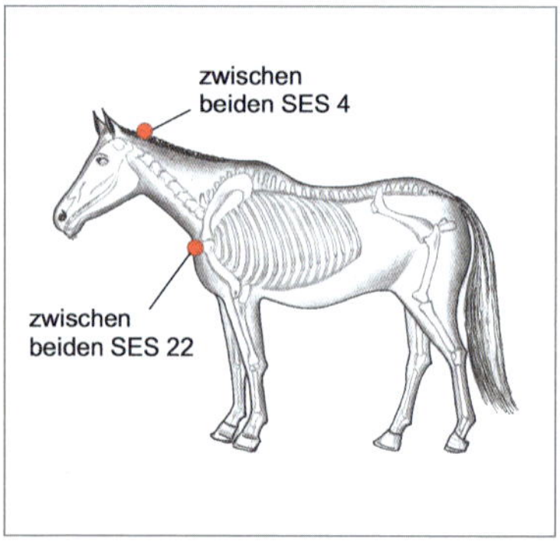

2. SCHRITT: Lassen Sie die Hand **zwischen beiden SES 22** liegen, und legen Sie die andere Hand **zwischen beide SES 12.**

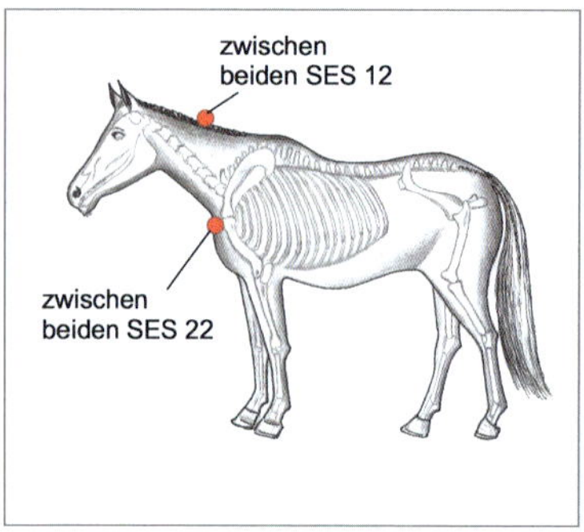

Unsicherheit und Nervosität

Bei sehr unsicheren oder nervösen Pferden machen Sie regelmäßig den **Zentralstrom** (S. 41).

Halten Sie ebenfalls das **SES 17** zusammen mit dem **SES 18** (S. 150).

Schreckhaftigkeit

Auch hier hilft der **Zentralstrom** (S. 41).

Oder legen Sie eine Hand auf das **SES 23,** die andere Hand auf das **SES 26.**

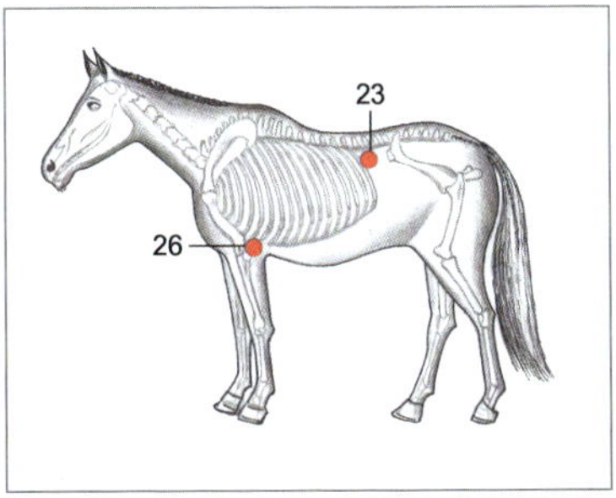

Futterneid

Halten Sie das **SES 14** und das **hohe SES 19.**

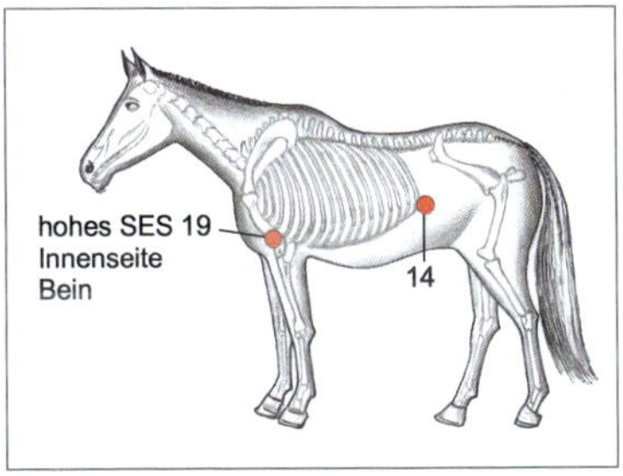

Denken Sie auch an den **Magenstrom** (S. 60).

Zankerei und Aggression

Halten Sie das **SES 24** zusammen mit dem **SES 25.**

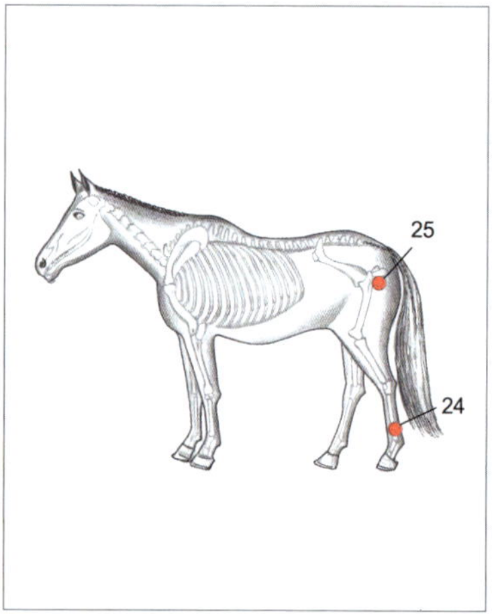

Legen Sie eine Hand **zwischen beide SES 4** und die andere Hand **zwischen beide SES 22.**

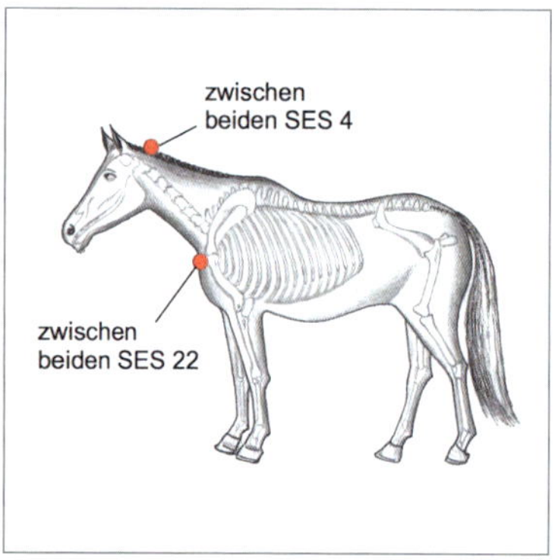

Vernachlässigung und Misshandlung

Wurde das Pferd vernachlässigt, können Sie die Disharmonie mit dem **Milzstrom** (S. 56) ausgleichen.

Auch der Griff zur **Ersten Zentrierung** (S. 39) hilft dem Pferd, negative Erfahrungen nach und nach zu verarbeiten.

Lärmempfindlichkeit

Ist das Pferd sehr lärmempfindlich, strömen Sie mit einer Hand das **SES 22** und das **SES 13** (zusammen oder nacheinander), und legen Sie die andere Hand auf das **SES 17.**

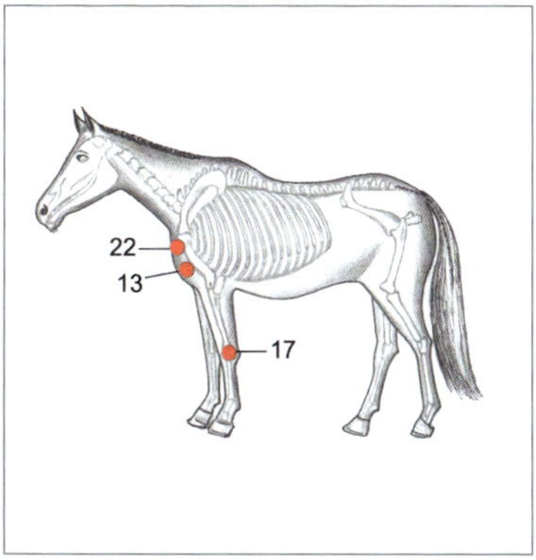

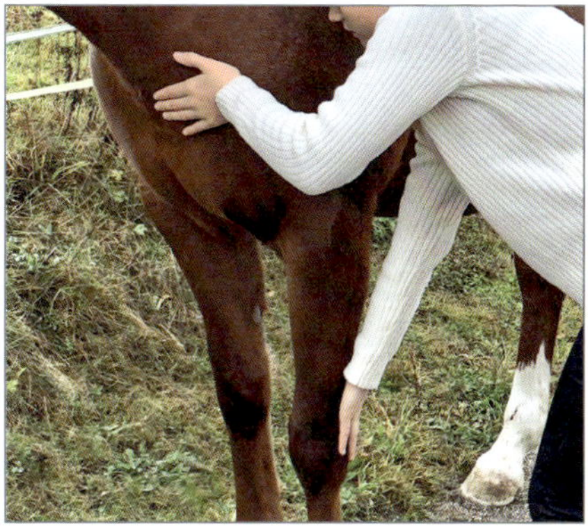

Auch der **Milzstrom** (S. 56) hilft bei Überempfindlichkeiten aller Art.

Koppen

Koppen ist eine Angewohnheit des Pferdes, durch Anspannen der Muskeln am Hals den Eingang zur Speiseröhre zu öffnen, sodass Luft einströmen kann und ein rülpsendes Geräusch entsteht. Man sagt, dass durch das Koppen Endorphine (Glückshormone) freigesetzt werden. Dadurch kann es zum Stressabbau dienen, aber auch Suchtcharakter annehmen. Das Koppen an sich ist allerdings nicht schädlich für das Pferd.

Sie können das Pferd beim Entspannen unterstützen, indem Sie mit einer Hand das **SES 5** und das **SES 16** und mit der anderen Hand das **SES 25** halten.

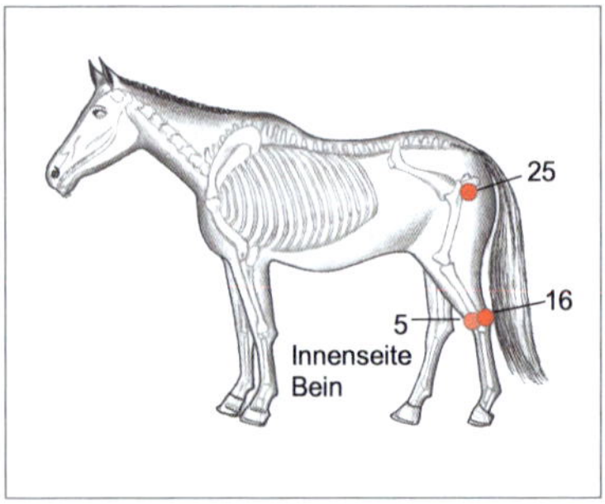

Oder strömen Sie das **SES 13** und das **SES 22.**

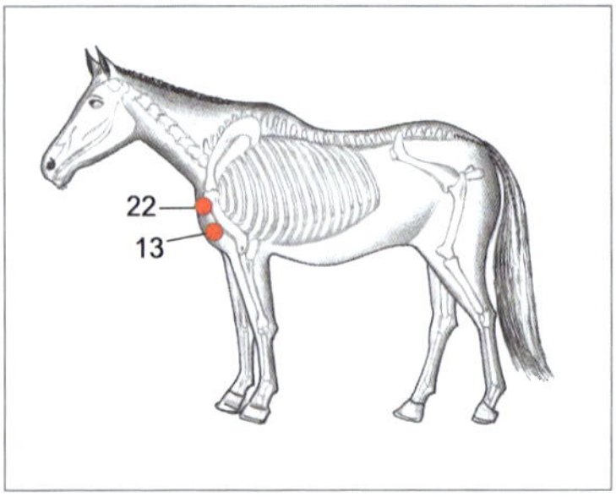

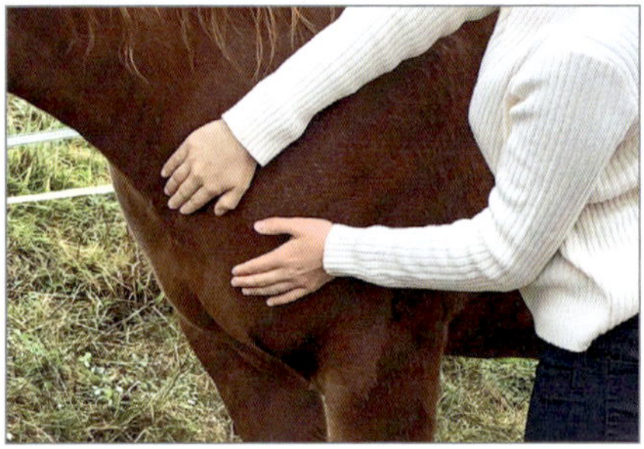

Trauer und Verlust

Sie können einem Pferd helfen, über einen Verlust wegzukommen, indem Sie das **SES 9** zusammen mit dem **SES 22** halten.

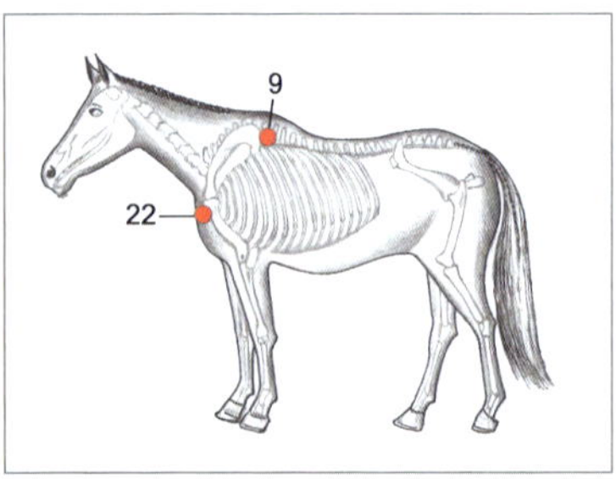

Oder strömen Sie das **SES 22** zusammen mit dem **SES 14** (S. 65).

Verletzungen und Notfälle

Wunden und Bisse

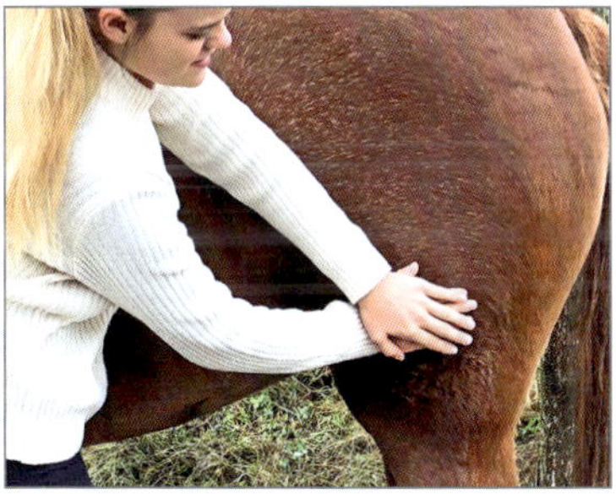

Bei blutenden Wunden legen Sie die rechte Hand auf oder leicht über die **Wunde** und die linke Hand auf die **rechte Hand**. Die rechte Hand zuerst aufgelegt, hält im Körper, was im Körper bleiben soll.

Bei eitrigen Wunden legen Sie die linke Hand auf oder über die **Wunde** und die rechte Hand auf die **linke Hand.** Die linke Hand zuerst aufgelegt, zieht das, was raus muss, aus dem Körper.

WICHTIG: Machen Sie sich keine Sorgen, dass Sie links und rechts verwechseln könnten und dann genau das Gegenteil von dem, was Sie beabsichtigen, passieren könnte. Strömen ist immer an die Körperintelligenz gekoppelt. Wenn Sie z. B. die Hände verwechseln, dreht das der Körper für sich um – dann dauert es vielleicht etwas länger, bis die Wirkung eintritt, aber sonst passiert nichts.

Wundheilungsstörung

Machen Sie den **Milzstrom** (S. 56).

Bluterguss

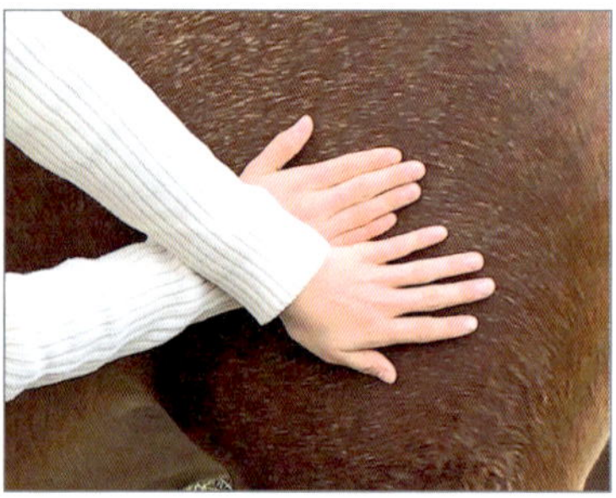

Legen Sie die Hände überkreuz auf die **betroffene Stelle.**

Stiche, Splitter und Dornen

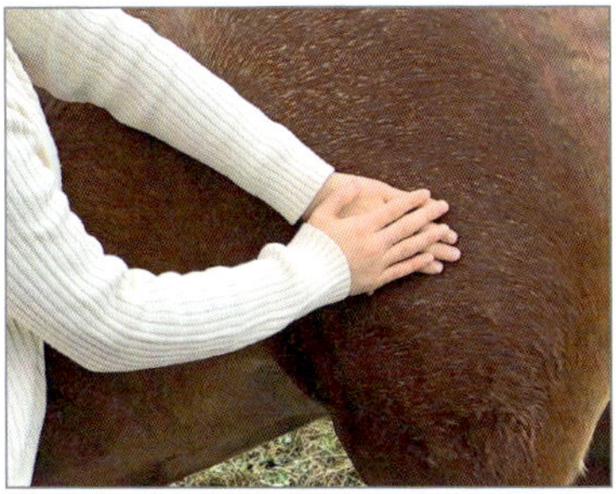

Legen Sie die linke Hand auf oder über die **betroffene Stelle** und die rechte Hand auf die **linke Hand.**

Verbrennungen

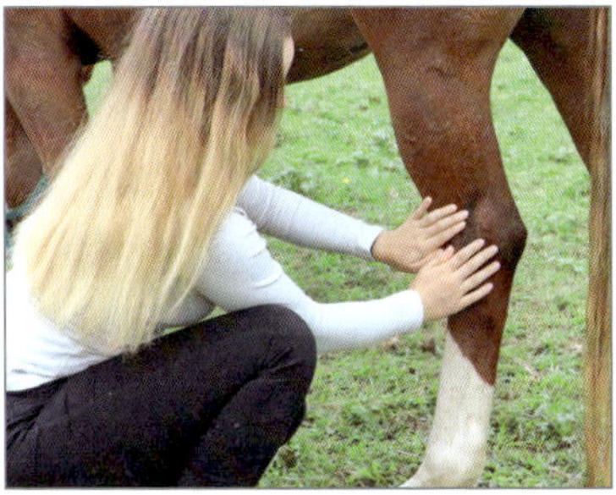

Legen Sie beide Hände nebeneinander auf oder über die **betroffene Stelle.**

Gehirnerschütterung

1. SCHRITT: Halten Sie zuerst **beide SES 4.**

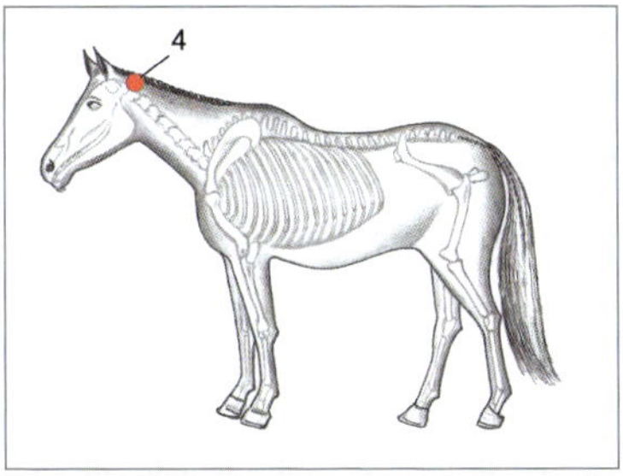

2. SCHRITT: Danach legen Sie eine Hand an die Innenseite des Fesselgelenkes in den Bereich von **SES 7** – erst auf der einen, dann auf der anderen Körperseite.

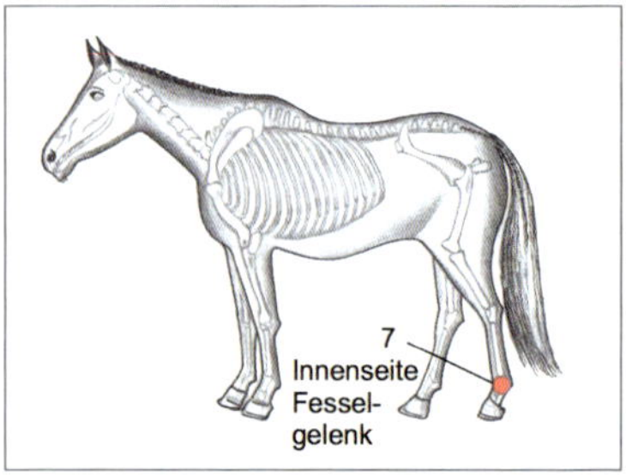

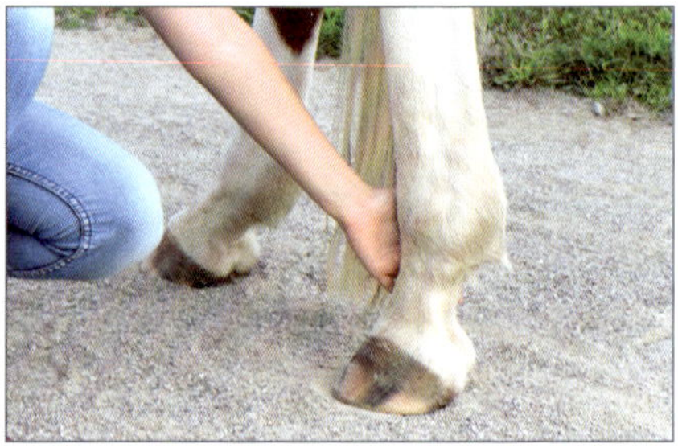

Knochenbrüche

Zur Heilungsunterstützung bei Knochenbrüchen halten Sie das **SES 15** in der Leistenbeuge, oder strömen Sie mit einer Hand das **SES 15** und mit der anderen Hand das **SES 3** zusammen mit dem **SES 11.**

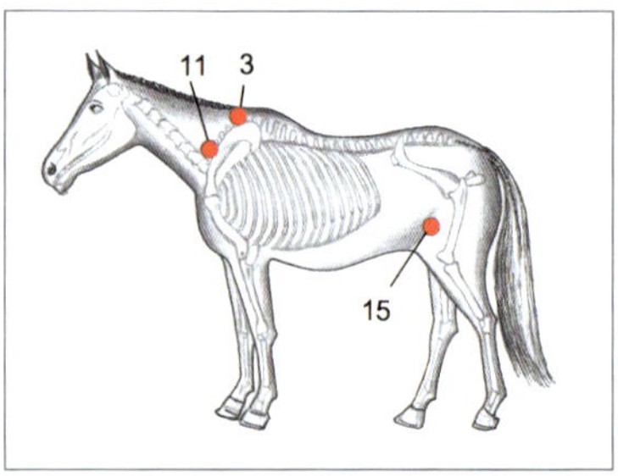

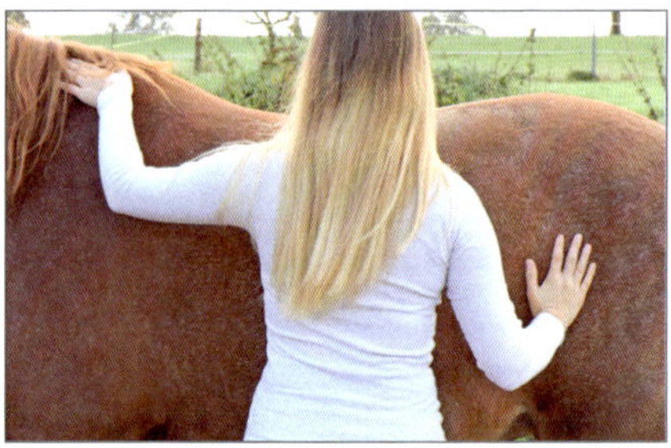

Sie können auch eine Hand über den **Bruch** und die andere Hand auf das **SES 15** legen.

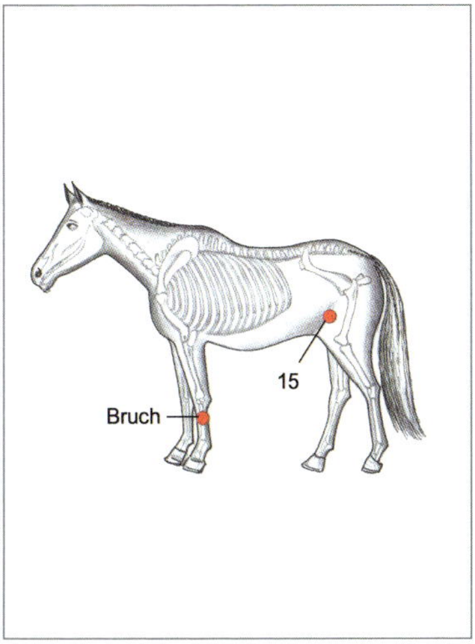

Prellungen

Legen Sie die rechte Hand auf die **betroffene Stelle** und die linke Hand auf die **rechte Hand.**

Schock

Ein Schock ist ein lebensbedrohliches Versagen des Kreislaufsystems. Ein betroffenes Pferd gehört auf jeden Fall in die Hände eines Tierarztes. Ein Schock kann verschiedene Ursachen haben, z. B. Hitzschlag, Verletzung mit starkem Blutverlust, Rauferei, Vergiftung, Unfall, allergischer Schock etc.

Sie können das Pferd mit folgendem Griff unterstützen: Legen Sie eine Hand auf das **SES 1** und die andere Hand auf das **SES 2.**

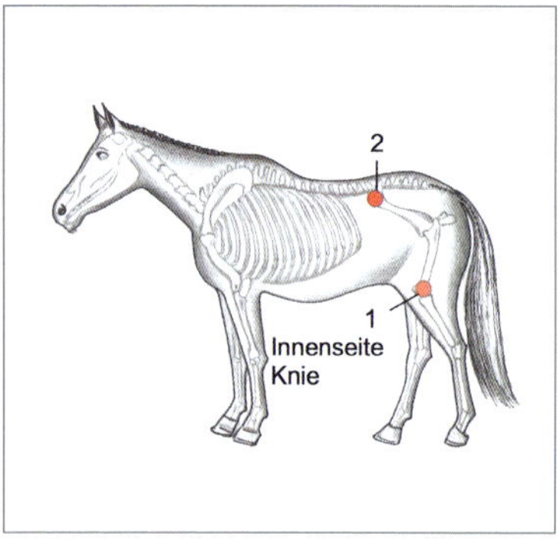

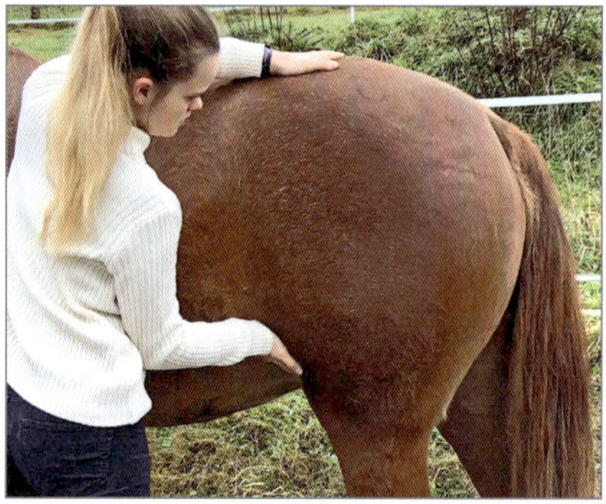

Oder halten Sie **beide SES 4.**

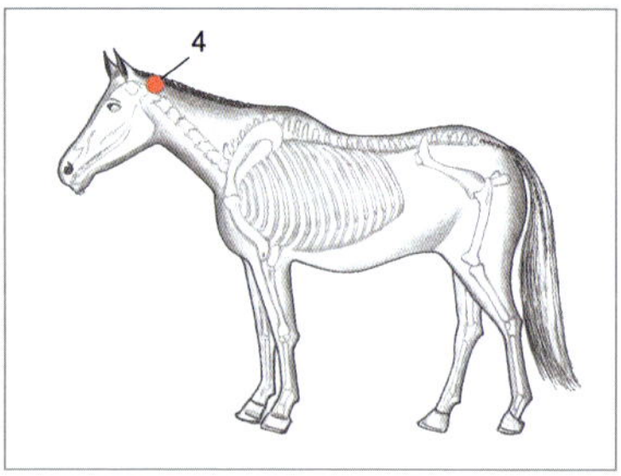

Vergiftungen

Auch bei Vergiftungen muss sofort der Tierarzt benachrichtigt werden.

Als Erste Hilfe halten Sie das **SES 1** und das **SES 2.**

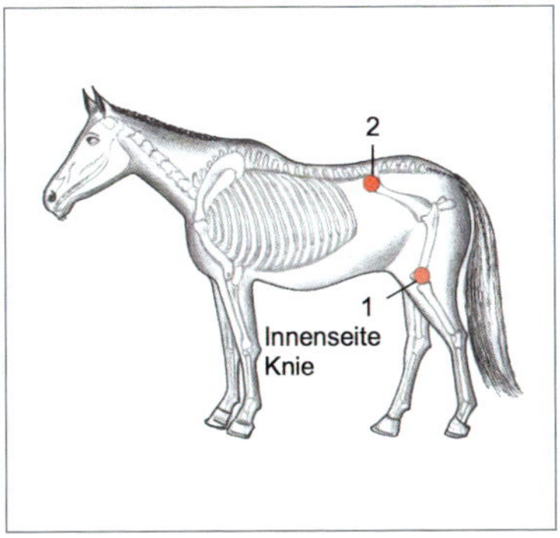

Strömen Sie zusätzlich das **SES 12** und das **SES 23.**

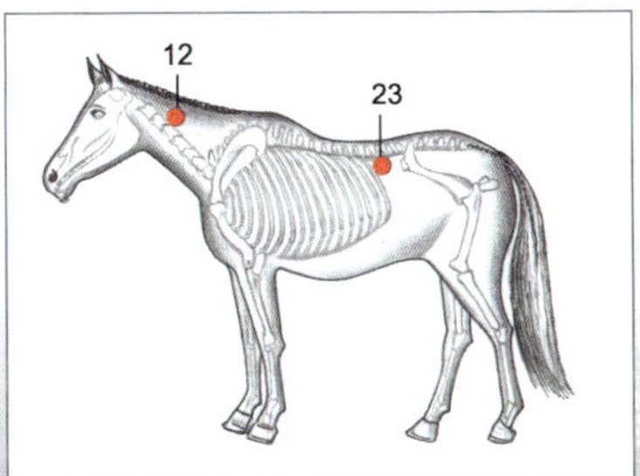

Verschlucken und Atemnot

Halten Sie **ein oder beide SES 1** oder das **SES 1** zusammen mit dem **SES 2.**

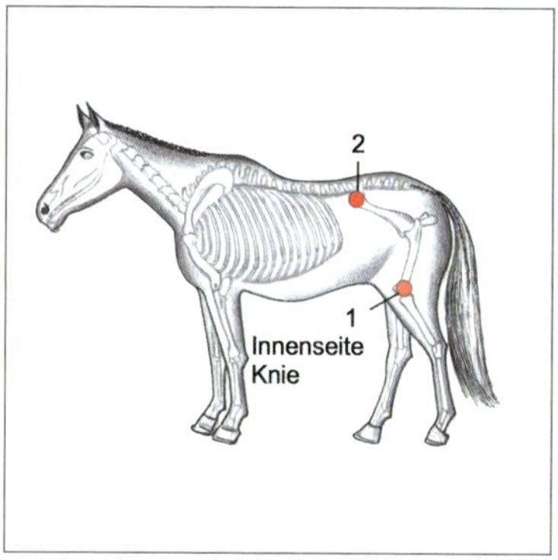

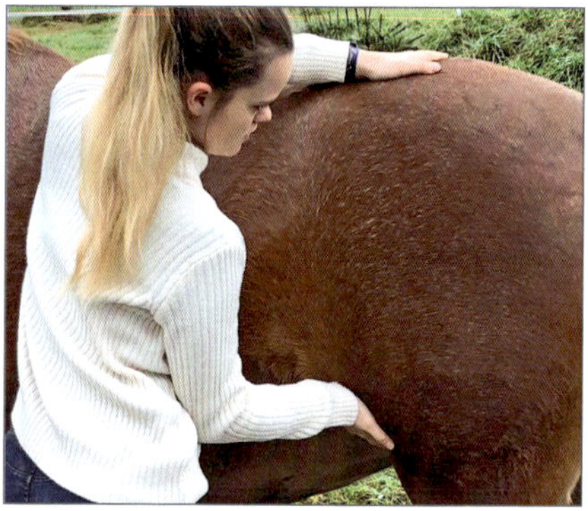

Operationen

Halten Sie vor und nach Operationen das **SES 15** – erst das eine, dann das andere.

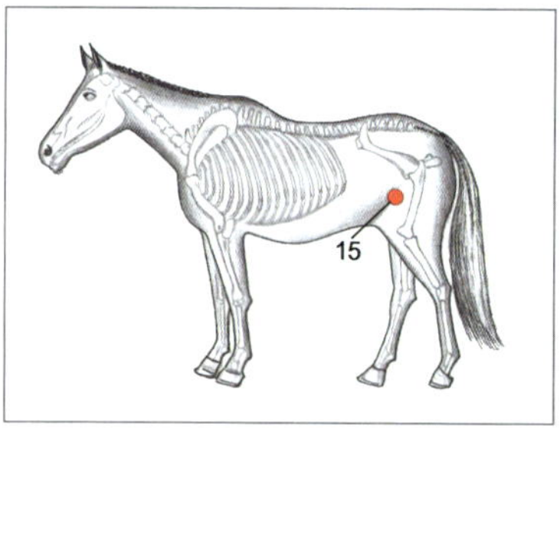

Oder strömen Sie das **SES 15** zusammen mit dem **SES 11** – erst auf der einen, dann auf der anderen Körperseite.

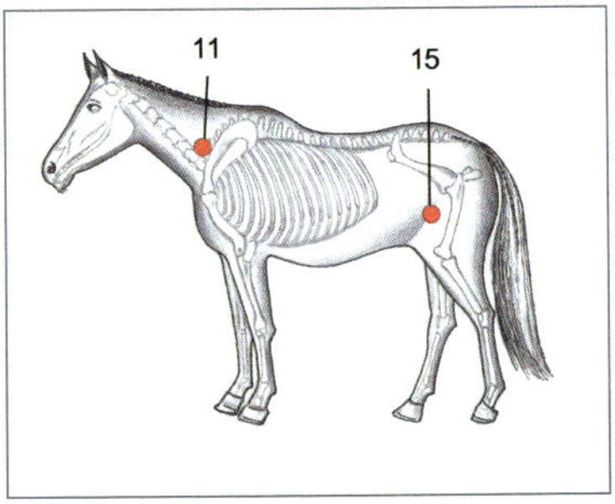

Schmerzen

Sie können alle Arten von Schmerzen lindern, indem Sie das **SES 5** zusammen mit dem **SES 16** halten.

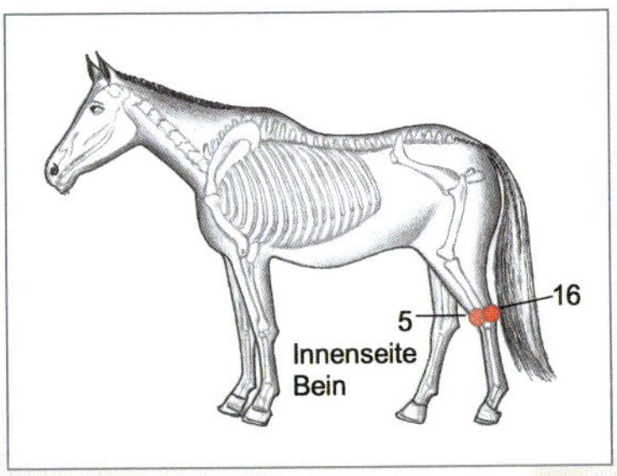

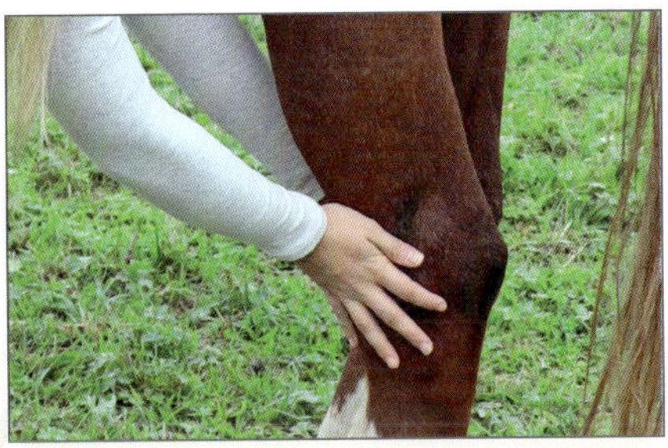

Überanstrengung

Halten Sie das **SES 15** zusammen mit dem **SES 24.**

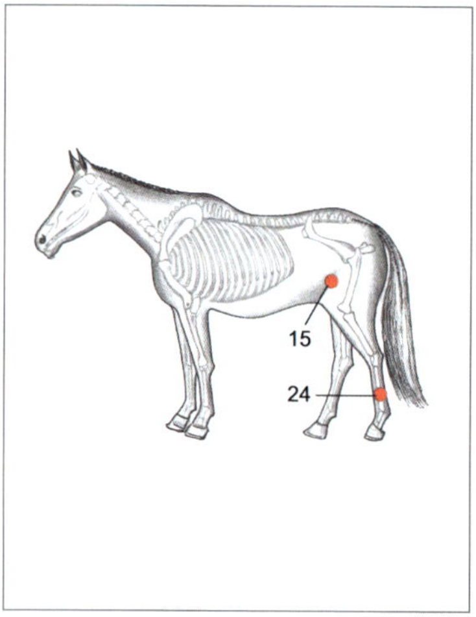

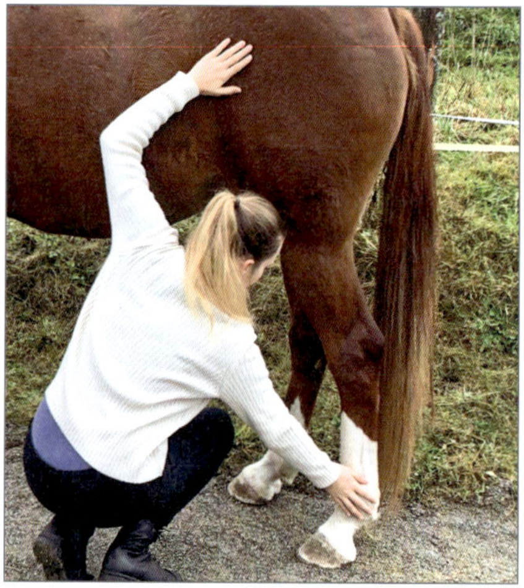

Erschöpfung

Halten Sie das **hohe SES 1** und das **SES 25.**

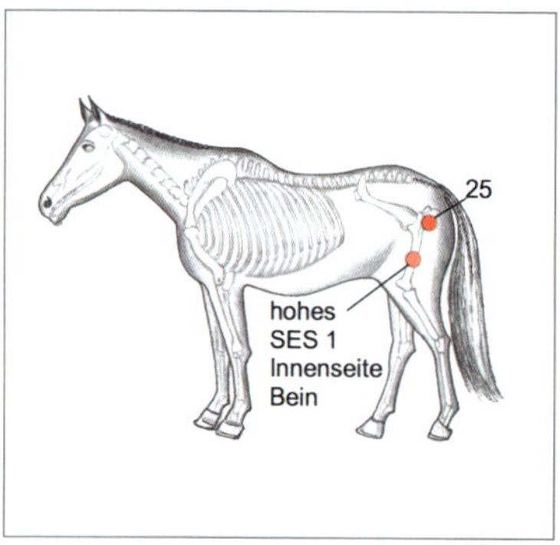

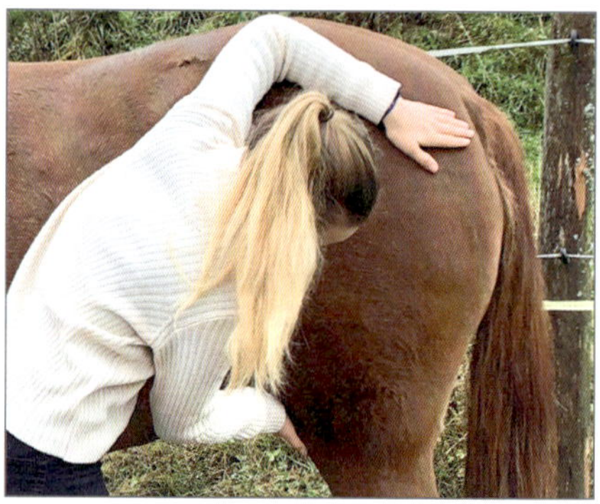

Sterbehilfe

Falls das Pferd im Sterben liegt, können Sie ihm den Übergang erleichtern, indem Sie das **SES 4** zusammen mit dem **SES 13** halten.

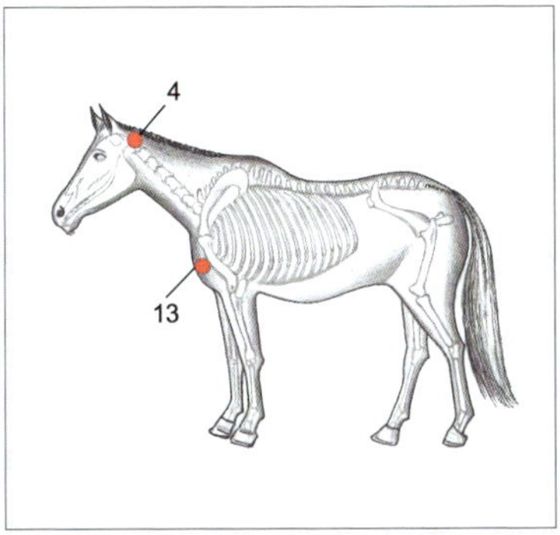

Oder strömen Sie **beide SES 4.**

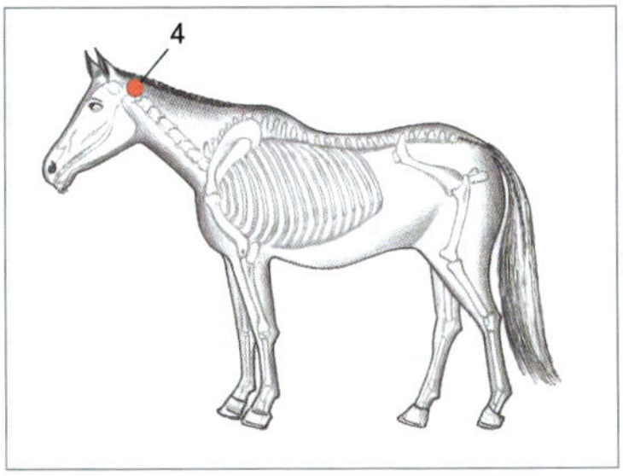

Das SES 4 ist ein wichtiges Energieschloss bei allen Übergängen. Man sagt, es stoppt das Sterben, wenn es noch nicht dran ist, und Sterbenden hilft es, gehen zu können.

Nachwort

Nun haben Sie eine ganze Reihe von Möglichkeiten kennengelernt, wie Sie Pferde in den verschiedensten Lebenslagen strömen und damit deren Selbstheilungskräfte unterstützen können. In der Regel reagieren Pferde sehr schnell auf das Geströmtwerden. Natürlich kann es sein, dass ihnen der ein oder andere Strömgriff unangenehm ist. Das ist oft genau in den Bereichen der Fall, wo die Energie blockiert ist. Dann halten Sie den jeweiligen Griff einfach nur kurz, oder wenden Sie einen anderen Griff an – es gibt immer mehrere Möglichkeiten. Auch unsichere Pferde können anfangs etwas irritiert auf das Geströmtwerden reagieren, einfach weil es ein ungewohntes Gefühl ist. Lassen Sie sich nicht verunsichern, bleiben Sie dran, probieren Sie aus, was Ihnen und dem Pferd guttut. Meist fühlen auch Sie sich nach dem Strömen entspannter oder auch energiegeladener, je nachdem, was gerade ansteht. Ich wünsche Ihnen wunderbare Strömerlebnisse!

Herzlichst
Tina Stümpfig

Dank

Ich danke Jiro Murai für die Wiederentdeckung des Jin Shin Jyutsu und Mary Burmeister, die dieses Wissen in die westliche Welt gebracht und dadurch auch uns zugänglich gemacht hat. Danke allen Jin-Shin-Jyutsu-Lehrern und -Lehrerinnen, bei denen ich lernen durfte und immer wieder darf. Meinem Vater Erwin Weber danke ich für die Pferdezeichnungen. Ich danke meinen Töchtern Jana, Samaya und Lucia dafür, dass sie sich als Models zur Verfügung gestellt haben, und Karin Wiedemann, von deren wunderbaren Pferden Maggie und Spirit wir die Fotos machen durften. Vielen Dank für eure Zeit und Geduld!

Weitere Informationen

Informationen über Kurse und Seminare der Autorin finden Sie unter: **www.tinastuempfig.de**

Jin Shin Jyutsu® Physio-Philosophie ist in den USA urheberrechtlich geschützt und Eigentum der Jin Shin Jyutsu Inc., Scottsdale, Arizona

Literaturempfehlungen

Burmeister, Alice: Heilende Berührung. Knaur, München 2000

Burmeister, Mary: Einführung in Jin Shin Jyutsu. Bd. 1–3. Raphael Verlag, Bonn 1990

Stümpfig-Rüdisser, Tina: Die Jin-Shin-Jyutsu-Hausapotheke – Soforthilfe von A wie Augenentzündung bis Z wie Zahnschmerzen. Schirner Verlag, Darmstadt 2018

Stümpfig-Rüdisser, Tina: Jin Shin Jyutsu – Die Kunst des Heilströmen erlernen. Verlag Via Nova, Petersberg 2013

Stümpfig-Rüdisser Tina: Jin Shin Jyutsu – Heilbehandlung bei Tieren. Verlag Via Nova, Petersberg 2015

Riegger-Krause, Waltraud: Jin Shin Jyutsu. Südwest Verlag, München 2005

Register

Abmagerung 98
Abszesse 120
Aggression 23, 160
Allergien 22, 28, 34, 40, 56, 60, 119, 121, 122
Ängste 24, 30, 32, 36, 37, 51, 56, 66, 157
Appetit 30, 60, 98
Appetitstörungen 98
Arthritis 135
Arthrose 136, 138
Atemnot 85, 170
Atemprobleme 40
Atemwege 81, 82, 86
Atmung 21, 22, 26, 28, 33, 40, 54, 115
Augen 23, 35, 41, 71
Augenprobleme 71
Ausgeglichenheit 66

Bänder 133, 134
Bandscheiben 22
Bauchschmerzen 31, 60
Bauchspeicheldrüse 103
Beine 22, 23, 28, 29, 30, 33, 38, 41
Beruhigung 9, 40
Betreuerströme 51
Bewegungsapparat 127
Bewegungsmangel 98, 119
Bindegewebe 32, 38, 56
Bindehautentzündung 72
Bisse 163
Blähungen 21, 31, 33, 60, 94, 95
Blase 30, 38, 66, 107
Blasensteine 110
Blasenstrom 66
Blutbildung 56
Blutdruck 22, 28, 29, 35
Blutdruckprobleme 92
Bluterguss 79, 164
Blutohr 79
Bronchitis 40, 86

Dämpfigkeit 88
Darm 33, 93, 100
Darmentzündung 98
Darmparasiten 98, 101
Depressionen 23, 30, 51
Diabetes 60, 104
Dornen 165
Durchfall 27, 60, 66, 91, 99

Eifersucht 31, 37, 66
Eiter 164
Ekzeme 21, 118
Entgiftung 37, 38, 66, 88, 102
Entspannung 10, 16, 17, 18, 20, 37, 38, 40, 51, 113, 161, 174
Epilepsie 26, 123
Erschöpfung 22, 33, 37, 172

Fell 60, 117, 118
Fremdkörper im Auge 72, 74
Fressstörungen 98
Furunkel 120
Futterneid 34, 159

Gastritis 97
Geburtshilfe 112, 113, 114, 115
Geburtsschmerzen 114
Geburtsvorbereitung 113
Gehirn 123
Gehirnerschütterung 165
Gehör 76
Gelassenheit 66
Gelenkabnutzung 136
Gelenke 22, 23, 133, 137, 138
Gelenkentzündung 135
Gelenkgallen 138
Gesäugeentzündung 116
Geschlechtsorgane 111, 112
Geschwülste 38, 153
Gewicht 35, 60, 98

Haarausfall 117
Halsentzündung 85
Harnsystem 107
Haut 21, 27, 56, 60, 117, 119
Hautpilz 117, 120
Herzerkrankung 28, 31, 33, 89
Herz-Kreislauf-System 51, 89
Herzmuskelschwäche 28, 31, 33, 66, 89
Hodenentzündung 111
Hormonsystem 30, 51, 56, 60
Hornhautentzündung 73
Hufabszess 144
Hufe 28, 143, 144
Hufrehe 145
Hufrollenentzündung 150
Hüfte 29, 31, 41
Husten 35, 40, 72, 85, 86, 88

Immunsystem 18, 22, 28, 30, 34, 37, 51, 56, 88, 119, 121, 151

Juckreiz 21, 34, 120

Kastration 66
Kehlkopfkatarrh 85
Kiefer 27, 32, 60
Knie 23, 34, 66
Knochen 31, 32, 33, 138, 140, 142
Knochenbrüche 31, 54, 140, 166
Knochenhautentzündung 138, 141
Knochenverformungen 33, 142
Kolik 21, 31, 60, 96, 99
Kopf 26, 29, 33, 41, 51, 60, 71
Kopfschmerzen 35
Koppen 161
Kotwasser 100
Kraft 9, 51
Kreislauf 28, 33, 91
Kreislaufschwäche 91
Kreuzverschlag 128

Lähmungen 32, 107, 126
Lärmempfindlichkeit 161
Lebenskraft 22, 28, 38, 151
Leber 26, 28, 30, 102
Lippen 60
Lungenentzündung 22, 87, 88
Lymphsystem 22, 36, 38, 56

Magen 26, 60, 80, 93, 97
Magenschmerzen 96
Magenstrom 60
Milchmangel 116
Milchüberschuss 116
Milz 28, 56, 130
Milzstrom 56
Misshandlung 36, 40, 160
Müdigkeit 22, 41
Mund 79, 80
Mundgeruch 80
Mundschleimhautentzündung 80
Muskeln 23, 27, 37, 38, 66, 130
Muskeltonus 60, 130
Muskelzucken 125

Narkose 10
Nasenbluten 83, 84
Nebenhöhlen 28, 60
Nebenhöhlenentzündung 35, 82
Neid 31, 66
Nervensystem 33, 51, 125
Nervosität 31, 33, 56, 60, 158
Neugeborenes 115
Nieren 24, 28, 38, 60, 108
Nierenentzündung 108
Nierensteine 110
Notfälle 163
Nüstern 60

Ödeme 153, 156
Ohren 23, 24, 60, 66, 76
Ohrenentzündung 30, 77
Ohrmilben 78
Operationen 10, 31, 170

Panik 66, 157, 158
Parasiten 34, 78, 97, 98, 101, 117

Reizhusten 87
rheumatische Erkrankungen 37, 66
Rücken 22, 25, 26, 31, 54, 66, 127
Rückenschmerzen 129
Rückenverspannungen 129
Ruhe 27, 33, 40, 66

Satteldruck 130
Schleimbeutelentzündung 134
Schmerzen 9, 24, 35, 37, 60, 77, 96, 114, 129, 130, 135, 171
Schnupfen 35, 82
Schock 23, 26, 40, 168
Schreckhaftigkeit 23, 56, 66, 159

Schuppen 118
Sehfähigkeit 75
Sehnen 133, 134
Sehnenentzündung 134
Sicherheit 35, 66
Sicherheitsenergieschlösser 12, 13, 16, 19
Sommerekzem 119
Spat 138
Speichelfluss 60
Sprunggelenk 137, 138
Sterbehilfe 41, 173
Stiche 72, 165
Stoffwechsel 38, 51, 93, 106, 117, 128
Strahlfäule 150
Stress 22, 25, 26, 31, 33, 35, 37, 54, 56, 97, 100, 117, 119, 161

Ticks 60
Trächtigkeit 24, 40, 112
Tränenfluss 75
Trauer 28, 162
Traumata 23, 51, 56
Tumore 37, 38, 56, 153, 154, 155

Überanstrengung 31, 98, 130, 172
Überbeine 141
Überempfindlichkeit 56, 161
Überhitzung 40
Unfälle 40
Unruhe 23, 33

Verbrennungen 165
Verdauung 21, 24, 54, 60, 97
Verdauungsorgane 93
Vergiftungen 21, 168, 169
Verletzungen 18, 31, 40, 80, 132, 137, 163, 168
Vernachlässigung 40, 160
Verschlucken 170
Verstauchung 133
Verstopfung 33, 60, 66, 98, 99
Vertrauen 23, 30, 31, 35, 56, 157

Waden 66
Wassereinlagerungen 66, 141
Wehen 114, 115
Wirbelsäule 22, 51, 54, 127
Wunden 163, 164
Wundheilungsstörung 164

Zähne 32, 60, 79, 80
Zahnfehlstellung 98
Zahnfleisch 32, 60, 79, 80
Zahnfleischprobleme 27, 79, 80
Zahnschmerzen 35
Zankerei 160
Zentralstrom 41
Zerrung 130, 133

Über die Autorin

Tina Stümpfig, Psychologin und Sonderpädagogin, arbeitet seit vielen Jahren als Jin-Shin-Jyutsu-Praktikerin mit Menschen und Tieren. Sowohl in Einzelbehandlungen als auch in Gruppenseminaren zeigt sie, dass alles, was wir zum Gesund- und Glücklichsein brauchen, in uns selbst liegt. Sie hat bereits mehrere Fachbücher zum Thema »Heilströmen« verfasst.

www.tinastuempfig.de

Jin Shin Jyutsu für Mensch und Tier

Schirner Verlag

Tina Stümpfig-Rüdisser
Jin Shin Jyutsu – Heilströmen für Resilienz und Lebensfreude
Soforthilfe bei Ängsten, Depression, Stress und Burn-out

144 Seiten
ISBN: 978-3-8434-1299-5

Tina Stümpfig-Rüdisser
Jin Shin Jyutsu – Heilströmen für Katzen

144 Seiten
ISBN: 978-3-8434-1284-1

Tina Stümpfig-Rüdisser
Jin Shin Jyutsu – Heilströmen für Hunde

144 Seiten
ISBN: 978-3-8434-1256-8

Danke für deine REZENSION

– Gemeinsam sind wir mehr –

Liebe Leserin, lieber Leser,

von Herzen danken wir dir, dass du dieses Buch in den Händen hältst und es bis zum Ende gelesen hast. Das bedeutet uns, dem Schirner Verlag und seinen Autoren, sehr viel. Aus voller Überzeugung und mit Hingabe widmen wir uns seit vielen Jahren Themen, die unser aller Lebensqualität und Bewusstwerdung dienlich sind, und hoffen, einen Beitrag für eine lichtvollere Welt leisten zu können. Wenn dir unsere Arbeit gefällt, möchten wir dich bitten, dir einige Minuten Zeit zu nehmen, um dieses Buch zu rezensieren. Warum? Die meisten Menschen lesen Rezensionen, bevor sie ein Buch kaufen, da sie hierdurch einen Eindruck bekommen, ob und wie der Inhalt des Buches den Leser erreicht hat. Eine kurze Rezension ist dabei ebenso hilfreich wie eine lange, sehr ausführliche. Um es auf den Punkt zu bringen:

Eine Rezension ist heutzutage die beste Werbung für ein Autorenwerk!

Wenn du den Schirner Verlag und seine Autoren neben dem Buchkauf auch anderweitig unterstützen willst, dann bitten wir dich: Schreibe für jedes Werk eine Rezension – vielleicht als persönliche Leseempfehlung für die Buchhandlung in deiner Nähe oder online, z. B. beim Schirner Verlag. Das wäre nicht nur eine Wertschätzung für die Autoren, sondern kann dazu beitragen, dass die Verkaufszahlen steigen und der Schirner Verlag auch in herausfordernden Zeiten Bestand hat.

WIE SCHREIBT MAN EINE REZENSION?

Grundsätzlich sollte eine Rezension aus der eigenen, subjektiven Sicht geschrieben werden, da es sich um eine persönliche Meinung handelt. Du kannst in zwei Sätzen deine Gedanken zu dem Buch äußern oder eine längere Rezension verfassen. Falls du nicht weißt, wie du beginnen sollst, hier ein paar Anregungen:

- War das Buch leicht verständlich geschrieben? Wie hat dir die Sprache gefallen? Wie empfandest du die Aufteilung der verschiedenen Themen?
- War es unterhaltsam? War es deiner Meinung nach mit Herzblut und Liebe geschrieben? Wie hat es auf dich gewirkt?
- Hat es dein Herz berührt? Konntest du dich wiederfinden?
- War es tief greifend genug? Hast du viel Neues gelernt?
- Hat es gehalten, was der Titel und die Buchbeschreibung versprochen haben? Hat es deine Erwartungen erfüllt?
- Was macht das Buch besonders? Warum sticht es heraus im Vergleich zu anderen Büchern, die ein ähnliches Thema behandeln?
- Würdest du das Buch weiterempfehlen oder verschenken?

Dankeschön

lesen, fliegen, landen
Schirner Verlag

Bildnachweis

Fotografien Pferde: © Tina Stümpfig, Abbildungen Pferde: © Erwin Weber

Bilder von der Bilddatenbank www.shutterstock.com:

S. 1–184: Schmuckelement Hufe # 170716961 (© Rashad Ashur)

S. 7: # 178723304 (© Elena Elisseeva), S. 9: # 473633290 (© DragoNika), S. 11: # 1104408638 (© DisobeyArt), S. 13: # 693240046 (© Scott Anderson IMAGERY), S. 15: # 1170866035 (© Alla V), S. 17: # 741055354 (© Lyubov Levitskaya), S. 18: # 427190074 (© Callipso), S. 19: # 344775266 (© Valentine Shepitko), S. 29: # 216424180 (© Petri Volanen), S. 39: # 1079896616 (© Evgeniy pavlovski), S. 43: # 220342672 (© Creative Travel Projects), S. 47: # 133111403 (© mariait), S. 49: # 62003605 (© Chantal Ringuette), S. 53: # 733256191 (© Grigorita Ko), S. 55: # 741055309 (© Lyubov Levitskaya), S. 56: # 60268657 (© Tamara Didenko), S. 59: # 101053345 (© Horse Crazy), S. 65: # 398975275 (© Natalia Zhurbina), S. 70: # 727837879 (© Konstantin Tronin), S. 71: # 624028589 (© Laura Battiato), S. 80: # 139905298 (© Muzhik), S. 81: # 290379203 (© BestPhotoStudio), S. 84: # 659498608 (© Lillac), S. 86: # 280214450 (© PANIGALE), S. 89: # 627285644 (© Osetrik), S. 90: # 1132258211 (© Sabrina Mallick), S. 92: # 1162546228 (© Janice Chen), S. 93: # 552223999 (© bagicat), S. 95: # 247511422 (© Grigorita Ko), S. 103: # 236103601 (© acceptphoto), S. 105: # 141315622 (© Grigorita Ko), S. 107: # 279014162 (© Makarova Viktoria), S. 109: # 1175510683 (© Helga Madajova), S. 111: # 1008858544 (© Katho Menden), S. 114: # 557747098 (© Osetrik), S. 117: # 542370916 (© nuu_jeed), S. 119: # 611833571 (© Joanna Swiercz), S. 121: # 714208846 (© Osetrik), S. 122: # 136615973 (© Ksenia Raykova), S. 123: # 1062339611 (© AnastasiaPetropavlovskaya), S. 125: # 722298943 (© AnastasiaPetropavlovskaya), S. 127: # 523227928 (© Osetrik), S. 129: # 184948157 (© mariait), S. 132: # 495065680 (© Kwadrat), S. 137: # 64563043 (© Arman Novic), S. 139: # 656464867 (© Grigorita Ko), S. 143: # 188777270 (© Alex Emanuel Koch), S. 147: # 7688026 (© Melory), S. 149: # 54265312 (© Lenkadan), S. 151: # 136615955 (© Ksenia Raykova), S. 152: # 78104902 (© Anastasija Popova), S. 153: # 1062339623 (© AnastasiaPetropavlovskaya), S. 155: # 717194872 (© Leszek Glasner), S. 156: # 219931357 (© Olha Rohulya), S. 157: # 265779746 (© cornfield), S. 163: # 741055474 (© Lyubov Levitskaya), S. 169: # 1213360960 (© Susan Sea), S. 171: # 288159389 (© Olga_i)